剪发与吹风技术

（第2版）

主　编　安　磊　郝桂英
副主编　王金良　焦玉龙　刘　宁

北京理工大学出版社
BEIJING INSTITUTE OF TECHNOLOGY PRESS

图书在版编目（CIP）数据

剪发与吹风技术 / 安磊，郝桂英主编. —2版. —北京：北京理工大学出版社，2023.7重印

ISBN 978-7-5682-7606-1

Ⅰ.①剪…　Ⅱ.①安… ②郝…　Ⅲ.①理发-高等职业教育-教材　Ⅳ.①TS974.2

中国版本图书馆CIP数据核字（2019）第271294号

出版发行 / 北京理工大学出版社有限责任公司
社　　址 / 北京市海淀区中关村南大街 5 号
邮　　编 / 100081
电　　话 /（010）68914775（总编室）
（010）82562903（教材售后服务热线）
（010）68944723（其他图书服务热线）
网　　址 / http://www.bitpress.com.cn
经　　销 / 全国各地新华书店
印　　刷 / 定州启航印刷有限公司
开　　本 / 787 毫米 ×1092 毫米　1/16
印　　张 / 9
字　　数 / 200 千字
版　　次 / 2023 年 7 月第 2 版第 3 次印刷
定　　价 / 37.50 元

责任编辑 / 张荣君
文案编辑 / 代义国
责任校对 / 周瑞红
责任印制 / 边心超

教材建设是国家职业教育改革发展示范学校建设的重要内容，作为第二批国家职业示范学校的北京市劲松职业高中，成立了由职业教育课程专家、教材专家、行业专家、优秀教师和高级编辑组成的五位一体的专业教材建设小组，开发设计了符合美容美发技能人才成长规律，反映行业新理念、新知识、新工艺、新材料的发展改革示范教材。

本套教材采用单元导读、工作目标、知识准备、工作过程、学生实践、知识链接的教材结构，突出了项目引领、工作导向，在知识准备的基础上，熟悉工作过程、练习操作流程，最终通过实践，达到提高学生职业素养和职业能力的目的。

本套书在每一本教材的教材目标设计和选择上，力求对接国家职业资格标准；在每一本教材的教材内容设计和选择上，力求对接典型职业活动；在每一本教材的教材结构设计和选择上，力求对接职业活动逻辑；在每一本教材的教材素材设计和选择上，力求对接职业活动案例。因此，这套教材有利于学生职业素养和职业能力的形成，有利于学生就业和职业生涯的发展。

我国职业教育“做中学”的教材、技术类的专业教材基本定型，服务类的专业教材也正逐步走向成熟，文化艺术类的专业教材正处于摸索阶段。一般技术类的专业教材采用过程导向逻辑结构；服务类的专业教材采用情景导向逻辑结构；文化艺术类的专业教材应采用效果导向的逻辑结构。这套美容美发专业的教材，是一次由知识本位到能力本位转型的新的有益探索，向效果导向逻辑结构迈出了一大步。北京市劲松职业高中美容美发专业拥有十分优秀的师资和深度的校企合作，这是他们能够设计编写出优秀教材的基本条件。

"剪发与吹风技术"是职业学校美发与形象设计专业的一门专业核心课程，具有较强的技术性和实用性。党的二十大报告要求到二〇三五年，基本建成法治国家、法治政府、法治社会；建成教育强国、科技强国、人才强国。本书以提升现有教材的适用性和实践性为主要目标，结合本专业"前店后校，双轨并行"的人才培养模式教学改革要求，力图为美发专业的学生提供优质实用的教学资源。

本教材从适合职业学校学生使用的角度进行编写，以掌握实际操作技能为出发点，将教学内容以工作项目的形式进行排列组合。内容包括三个单元十四个项目，具体内容及课时分配如下：

单元名称	项目名称	课时
堆积层次	直线零度修剪造型	12
	A线零度修剪造型	12
	V线零度修剪造型	12
	长发低层次修剪造型	14
	方形BOB修剪造型	14
	圆形BOB修剪造型	14
	三角形BOB修剪造型	14
去除层次	边缘层次修剪造型	16
	水平层次修剪造型	16
	反头形曲线修剪造型	12
	均等层次修剪造型	12
男士发型修剪	男士长式发型修剪造型	16
	男士短式发型修剪造型	16
	男士寸发修剪造型	16

本教材在编写过程中，不断探索中国美业现状，挖掘中国美业工匠特点，注重与实际工作紧密结合，强化技能，特别是强化对关键技能点的讲解，由浅入深，并将修剪造型融入其中，为学生今后的学习奠定基础。教材注重与相关知识内容的衔接，在每一单元中，将学生该做的事和应该考虑的问题告诉学生，使学生在学习每个项目时大致了解本单元教材的整体概况，让学生在实践活动前做好充分的准备，这样学生就会带着问题去参与实践活动。同时书中还增加了知识探讨及知识拓展，以培养学生的思考及观察能力，使学生在学习过程中逐步学会利用所学知识去解决实际工作中的问题。让学生有励志成才的信心，把自己锻造成工匠达人而不断努力。

本书由安磊、郝桂英担任主编，王金良、焦玉龙、刘宁担任副主编。全书由郝桂英老师进行统稿。北京市劲松职业高中原校长贺士榕、杨志华老师、范春玥老师、曹森、曹雨晨为本书的编写工作提供了大力的支持和帮助。

由于编者水平有限，书中难免有不妥和疏漏之处，恳请广大读者批评指正。

编　者

目录

CONTENTS

单元一　堆积层次

单元导读……2

项目一　直线零度修剪造型……3

项目二　A线零度修剪造型……14

项目三　V线零度修剪造型……23

项目四　长发低层次修剪造型……34

项目五　方形BOB修剪造型……45

项目六　圆形BOB修剪造型……55

项目七　三角形BOB修剪造型……63

单元二　去除层次

单元导读……74

项目一　边缘层次修剪造型……75

项目二　水平层次修剪造型……83

项目三　反头形曲线修剪造型……92

项目四　均等层次修剪造型……101

单元三　男士发型修剪

单元导读……110

项目一　男士长式发型修剪造型……111

项目二　男士短式发型修剪造型……121

项目三　男士寸发修剪造型……130

单元一　堆积层次

内容介绍

堆积层次是发片提拉角度为0°~89°，头发可长可短，帮助改善细软发质，使发量较少的顾客呈现头发重量的发型。堆积层次也是学习修剪的基础发型，可以帮助学习者更好地掌握发型的结构，并且还是初学者锻炼手指与工具配合的修剪技术。

单元目标

①能够根据发质特点，选择不同修剪技术。

②在剪发中正确使用修剪工具。

③学习剪发的基本技巧。

④利用吹风技巧完成直发造型，总结本单元的主要操作程序和技能要点。

⑤在试操作及理问题的过程中，领悟严谨细致及爱岗敬业的工作态度。

⑥在修剪过程中，培养认真细致，精益求精的操作习惯。

项目一 直线零度修剪造型

项目描述

直线零度修剪造型，发片提拉没有角度，所有发梢都集中在同一条直线上。修剪效果安静、稳定，其轮廓线为前后一样长，头发表面光滑而无动感，如图1–1–1所示。

图1–1–1

工作目标

①能够熟练地划分直线线条。

②掌握手指与梳子的配合。

③能够叙述直线零度修剪的操作程序。

④能够按照技术标准完成直线零度修剪造型。

⑤能够根据自己的实操过程，总结零度修剪的主要程序。

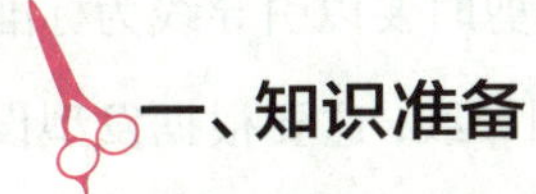

一、知识准备

1. 直线零度修剪的特点

“直线零度”是指所有头发自然垂落在一条直线上，无层次，按照发型设计可以分为肩以下、肩以上、刘海区域等。

2. 直线零度适合的人群

发质细软、发量较少、希望头发整齐有形状的顾客。

3. 准备工具

毛巾、客袍、围布、剪刀、夹子、剪发梳、喷壶、吹风机。

4. 修剪基础知识

（1）“点”在修剪中的作用

在修剪中，我们常用到“点”来衡量发型的均衡度，利用“点”来连接各部位的线，使发型的层次和轮廓达到理想的效果。

点位见图1–1–2。

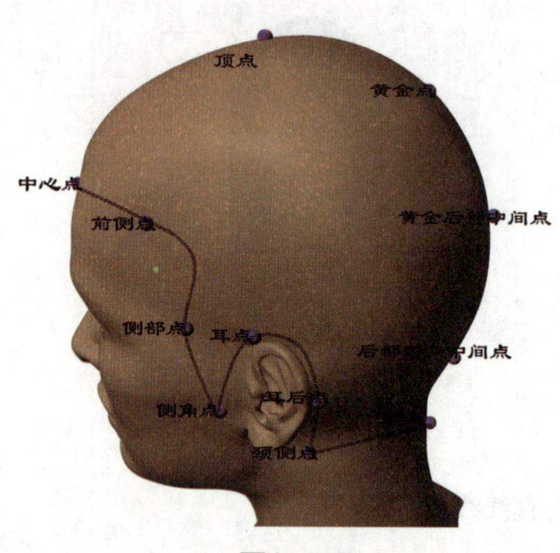

图1–1–2

（2）“线”在修剪中的作用

“线”在修剪中的作用也是至关重要的。在修剪中，首先我们要利用“线”把头发分成几个区域，来缩小修剪空间，使修剪能够有次序地进行，从而达到修剪的准确性。然后再通过“线”，将头发划分出各种线条，以便能够精确地修剪出层次，使发型的修剪效果达到完美境界。

引导线：就是发型长短的参考线。为了使修剪更加准确，修剪时要以引导线为标准进行修剪。在发型修剪中可以划分一条引导线，也可以划分多条引导线，这要根据发型设计而定。

分区线：根据所需要的发式造型结构进行合理安排，将头发划分出若干个区域，逐层逐区按顺序进行操作。

(3) 发片在修剪中的作用

为了修剪得更加精确，在修剪时必须将头发分成一层一层的薄片发束，即“发片”。但是分发片并不是随意分的，而是根据发式的层次、发流方向和线条的轮廓设定的。

一般分发片的方法有四种：水平分片、竖向分片、斜向分片、放射状分片。

(4) 线条在修剪中的作用

线条是发型的轮廓线，发型是用线条来表现的，不同的发型是依靠不同线条的组合来实现的，线条是点的一系列的连接，是艺术造型中“形”的基础。

线条一般分为五种：平直线、斜向前、斜向后、竖向线条、放射线条。

(5) 角度

发片与头皮的夹角叫作角度。

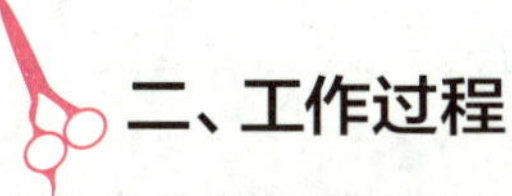

二、工作过程

(一) 工作标准（见表1-1-1）

表1-1-1

内 容	标 准
准备工作	工作区域干净、整齐，工具齐全、码放整齐，仪器设备安装正确，个人卫生、仪表符合工作要求
操作步骤	能够独立对照操作标准，使用准确的技法，按照规范的操作步骤完成实际操作
操作时间	在规定时间内完成任务
操作标准	分区准确
	发丝梳理通顺
	头发轮廓整齐、无层次
	吹风时移动速度均匀
	吹风后发丝有光泽
整理工作	工作区域整洁、无死角，工具仪器消毒到位，收放整齐

（二）关键技能

1. 剪刀的使用方法

剪刀中部的螺丝钉面对自己。
手部到腕部之间呈弧形。

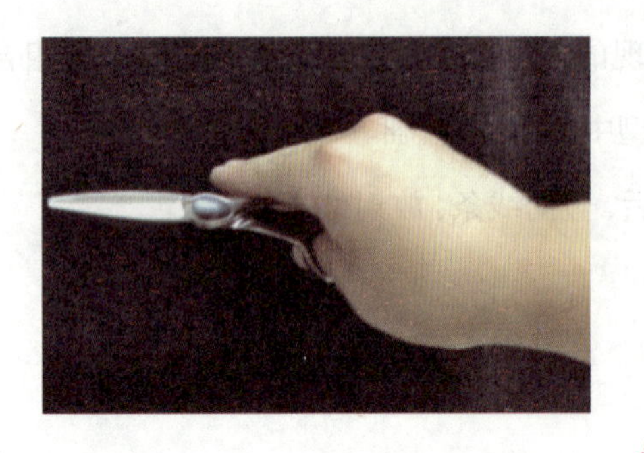

静刃在上，由无名指第二关节套入，动刃在下，由大拇指第一关节处套入。
剪发时四指不动，由大拇指上下摆动。

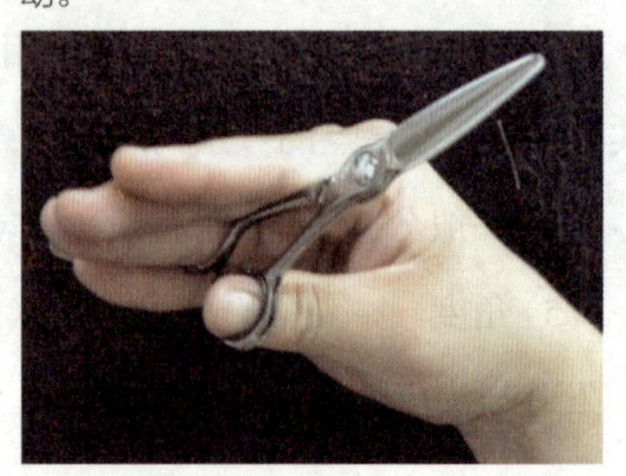

手背向上时，四指向右斜方平伸，剪刀的刀口同手腕部形成45° 角。手部与腕部之间呈弧形。
拿剪刀时手不要较劲，要轻松自如。

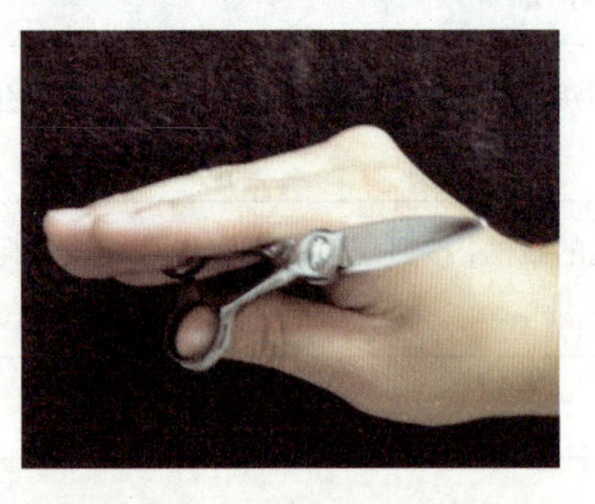

手自然下垂，食指第二关节贴紧剪刀支点的位置。剪刀保持平稳并将刀尖向左方平伸。
腕部放松，五指柔中带力。

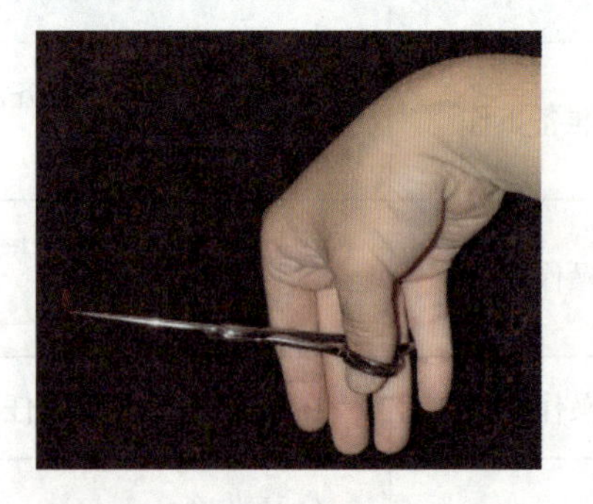

2. 四区的划分方法

划分左前区

使用剪发梳齿尖，以中心点为起点直线向后颈点划分一线，再以顶点为起点直线向左耳耳点划分一线。此时左前区头发分区完成，用夹子将头发固定。

划分右前区

使用剪发梳齿尖，以顶点为起点直线向右耳耳点划分一线，再用夹子将划分好的右前区头发固定。

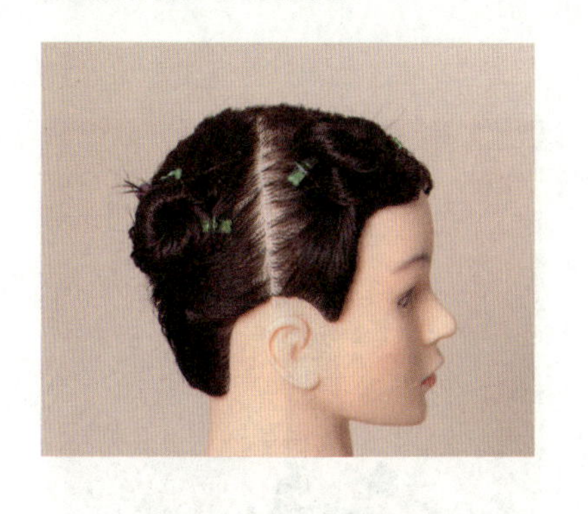

划分左后区

分好前两区后，自然形成左、右后区，用夹子将左后区固定。

划分右后区

左前区、右前区、左后区分好后，自然形成右后区，用夹子固定。

注意：分区要均匀。分区线要清晰。

3. 直线齐剪方法

梳顺头发

取下固定左后区发髻的夹子，将该区头发打湿，用梳子向下梳顺头发。

挑出发片

从底部开始，使用剪发梳齿尖，以平直线划分法，取出一发片，左手手指水平夹住发片，手指与线条平行。

注意：视角要与剪切线平行。分发片厚度为1~1.5cm，头发垂向地面。

修剪

用左手指夹住发片，用剪刀将发梢部位剪齐。

注意：剪切线要与地面平行。

4. 直线零度修剪方法

分区

按照四区划分方法进行分区，分区后，分别用夹子将各区域的头发夹住。

注意：分区时，线条划分得要清晰。

直线零度修剪

划分平直线线条

使用剪发梳齿尖，以中间线为起点向左后区发际线直线划分一线。

注意：线条与地面平行。

定引导线

用剪发梳齿尖以平直线划分法从底部划分线条，取出一发片；并将挑出的发片梳顺，按照设计的长度使用直线齐剪法修剪引导线。

修剪左后区

用剪发梳齿尖继续向上以平直线划分法划分一线，将此发片头发向下梳顺，以引导线的长度为标准，用直线齐剪法将多余的头发剪下，其余的头发按照此标准逐层进行修剪。

修剪右后区引导线

以左后区引导线为标准，用剪发梳齿尖以平直线划分方法，从左后区发际线至右后区的发际线，取出一发片，再用直线齐剪方法修剪右后区引导线。

修剪右后区

以修剪左后区的方法逐层修剪整个右后区。

修剪左前区引导线

以左后区引导线为标准，用剪发梳齿尖，以平直线划分方法，从左后区中线至左前区发际线取出一发片，再用直线齐剪方法修剪左前区引导线。

修剪左前区

以引导线为标准，逐层进行修剪，完成左前区修剪。

注意：修剪左右前区时，拉发片不要太用力，因为头发有弹性，否则耳朵部位的头发修剪会变短。

修剪右前区

右前区修剪方法同左前区修剪方法相同，按照左前区修剪方法方逐层进行修剪至整个右前区。

注意：右前区引导线长度与左前区引导线长度保持一致。

5. 直线吹风方法

手握吹风机

左手握住吹风机的把手。

吹直

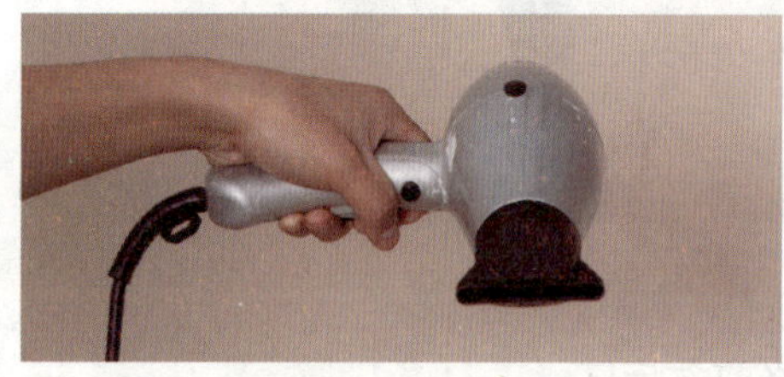

挑出发片

使用右手手指以平直线划分法取出一发片，右手握住九排梳，并将梳子摆放在发片下面，将吹风机风口对准发片。

注意：利用九排梳齿尖抓住发片。发片厚度为2~3cm，宽度不能超过九排梳宽度。

1

2

吹发

使用吹风机吹直发片，送风方向从发根至发尾，吹风机随着梳子的移动而移动

注意：吹发时发梳要抓紧发片，且移动发片时要产生一定的拉力。吹风机与梳子要匀速移动。

修饰造型

修剪完成后，按照直发吹风方法逐层将全头完成吹直造型，再用齐剪法进行最后修饰造型。

（三）操作流程

①与顾客沟通：根据顾客要求，制定发型。

②工具准备：将剪发及吹风工具准备完毕，并摆放整齐。

③洗发：发型师帮助顾客穿好客袍后，带领顾客到洗头盆前坐好，用毛巾从顾客后颈部位置向前围好，根据顾客的发质选用适合的洗护产品，清洗头发及头皮。

④分区：按照四区划分方法进行分区。

⑤划分线条：拿掉左后区固定头发的夹子，将左后区头发梳顺，从左后区底部中线开始，以平直线划分方法向左耳方向划分一线，发片厚度2cm左右。

⑥定引导线：从底部划分平直线线条，并将挑出的发片梳顺，按照设计的长度修剪引导线。

⑦修剪发型：按照修剪方法逐层逐区进行修剪 。

⑧吹直造型：按照直发吹风方法逐层完成全头吹直造型。

⑨修饰造型：最后用剪发梳将头发向两侧梳顺，再用齐剪法将轮廓线重新修剪成形，以营造出完整发型。

⑩整理工作台。

三、学生实践

(一) 布置任务

活动: 修剪

在实训室, 利用教习假发完成直线固定发型剪发造型, 在修剪前先回答以下问题。

①需要准备哪些修剪工具?

②修剪中梳子、剪刀和手指的关系是怎样的?

③如何进行分区?

④固定发型的角度是多少?

⑤修剪效果是怎样的?

(二) 工作评价 (见表1–1–2)

表1–1–2

评价内容	评价标准			评价等级
	A(优秀)	B(良好)	C(及格)	
准备工作	工作区域干净、整齐, 工具齐全、码放整齐, 仪器设备安装正确, 个人卫生、仪表符合工作要求	工作区域干净、整齐, 工具齐全、码放比较整齐, 仪器设备安装正确, 个人卫生、仪表符合工作要求	工作区域比较干净、整齐, 工具不齐全、码放不够整齐, 仪器设备安装正确, 个人卫生、仪表符合工作要求	A B C
操作步骤	能够独立对照操作标准, 使用准确的技法, 按照规范的操作步骤完成实际操作	能够在同伴的协助下, 对照操作标准, 使用比较准确的技法, 按照比较规范的操作步骤完成实际操作	能够在老师的指导帮助下, 对照操作标准, 使用比较准确的技法, 按照比较规范的操作步骤完成实际操作	A B C
操作时间	在规定时间内完成任务	在规定时间内, 在同伴的协助下完成任务	在规定时间内, 在老师帮助下完成任务	A B C
操作标准	分区精准	分区准确	分区不准确	A B C
	发丝梳理非常通顺	发丝梳理通顺	发丝梳理比较通顺	A B C
	吹风后发丝非常光泽	吹风后发丝光泽	吹风后发丝比较光泽	A B C
	头发轮廓线整齐、无层次	头发轮廓线有层次	头发轮廓线有缺口	A B C

续表

评价内容	评价标准			评价等级
	A（优秀）	B（良好）	C（及格）	
整理工作	工作区域整洁、无死角，工具仪器消毒到位，收放整齐	工作区域整洁，工具仪器消毒到位，收放整齐	工作区域较凌乱，工具仪器消毒到位，收放不整齐	A B C
学生反思				

四、知识链接——剪发梳与剪刀

①优质剪发梳的特性：

坚固有韧性，梳齿经常使用也不会脆裂或断裂。

经常使用不会变形。

不带有尖锐或粗糙的棱角。

能抵抗化学物质的腐蚀，方便清洗和消毒。

②剪刀的保护：

不要用剪刀剪除头发之外的东西，否则很容易损伤刀刃。

剪发后要用柔软的布料或皮革将剪刀擦拭干净。

剪刀固定轴不灵活时，应用少量的润滑油去润泽。

不要把剪刀掉在地上，那样会损伤刀尖或刀刃，固定轴会变松。

用完后，放在专业工具包或保护套内。

剪刀需要打磨时，要送到专业美发剪刀公司去。

项目二 A线零度修剪造型

项目描述

A线零度修剪造型在提拉发片时没有角度，所有头发自然向下垂落在左右两侧斜线上，底部轮廓后短前长，修剪效果能够使发丝滑顺。由于外轮廓剪切线为前长后短，所以对修饰脸型及颈部起到了很好的效果。如图1-2-1所示。

图1-2-1

工作目标

①能够按照行业标准为顾客提供保护措施。

②能够叙述A线零度修剪与直线零度修剪的区别。

③能够按照技术标准修剪底部轮廓线。

④能够根据自己的实操过程，总结A线零度修剪的操作程序及技能要点。

⑤能够按照修剪标准完成A线零度修剪造型。

一、知识准备

1. A线零度修剪种类

按照发型设计可以分为短款和中长款造型。

2. A线零度适合人群

发质细软、发量较少、希望头发整齐有形状并保留两侧长度的顾客。

3. 剪刀与梳子的配合（见图1–2–2）

图1–2–2

①剪发时，以左手食指与中指合力加紧发片，利用大拇指夹住剪发梳。

②当剪完一片头发需要梳子梳头时，首先将剪刀合起来，将拇指从环中抽出，再将剪刀握于掌中，然后用拇指、食指和中指握住梳子。

③在梳头发时，剪刀握于手掌中，以右手大拇指、食指、中指握住梳子，利用梳子将头发梳顺。

二、工作过程

（一）工作标准（见表1–2–1）

表1–2–1

内 容	标 准
准备工作	工作区域干净、整齐，工具齐全、码放整齐，仪器设备安装正确，个人卫生、仪表符合工作要求
操作步骤	能够独立对照操作标准，使用准确的技法，按照规范的操作步骤完成实际操作
操作时间	在规定时间内完成任务
操作标准	分区准确
	发丝梳理通顺
	轮廓线整齐无层次
	手指、剪刀、梳子成斜向前线条

续表

内 容	标 准
操作标准	修剪效果整齐并成斜向前线条
	吹风时移动速度均匀
	吹风后发丝有光泽
整理工作	工作区域整洁、无死角，工具仪器消毒到位，收放整齐

（二）关键技能

1. 前斜线分区方法

划分左前区

使用剪发梳齿尖，以顶点为中点向额部中心点划分一线，再以顶点为中心点向左耳顶点划分一线，形成左前区，用发夹将此区头发夹住固定。

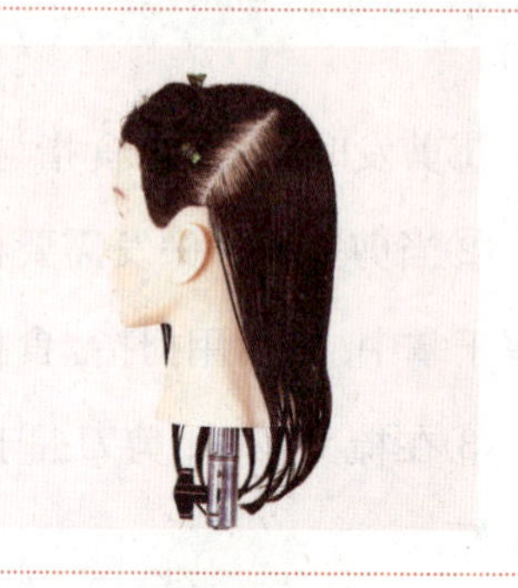

划分右前区

以顶点为中心点向右耳顶点划分一线，形成右前区用夹子将头发固定。

注意：两侧分区线条位置高度一致。

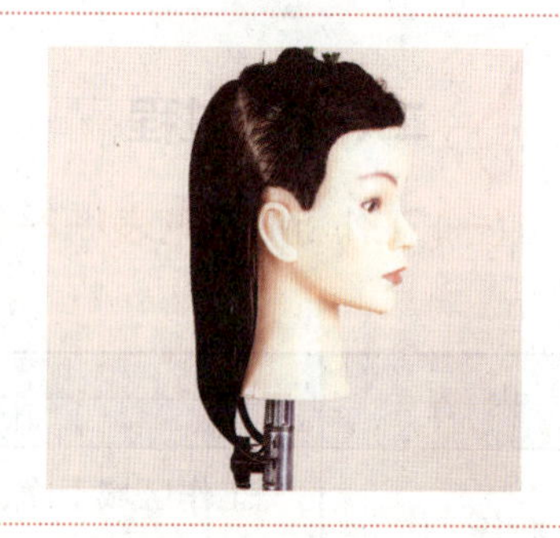

划分左后区

以顶点为中心点向后颈部中心点划分一线，形成左后区域，用夹子将头发固定。

划分右后区

剩下一区为右后区，同样用发夹将头发夹住固定。

2. 前斜线修剪技巧

挑出发片

使用剪发梳齿尖取出一发片，以前斜线划分方法划分线条，用左手手指夹住发片，手指与分界线线条平行。

注意：视角与剪切线平行。发片厚度1~1.5cm。发片角度是0° 垂向地面。发片左右摆动会产生角度。

修剪

用左手手指夹住发片，此时发片自然垂向地面，夹发片的手指同划分的线条保持平行，然后用剪刀将多余的头发剪掉。

注意：剪刀尖要与发片成90° 角。剪切线在一条前低后高的斜线上。

3. A线零度修剪方法

分区

按照前斜线的分区方法进行分区。分区后，分别用夹子将各区域的头发夹住。

注意：分区时，线条划分得要清晰。

A 线零度修剪

划分前斜线线条

将分好的第一区头发垂直梳顺，使用剪发梳齿尖以中线为起点，以前斜线线条向左耳方向划分一线。

注意：划分线条前低后高。线条斜度按照设计要求制定。

定引导线

将头发向下梳顺，用左手夹住发片，手指与线条保持平行，按照设计的长度修剪引导线。

注意：发片提拉角度为0°。

修剪左后区

用剪发梳齿尖继续向上以前斜线划分方法划分一线，将此发片头发向下梳顺，以引导线的长度为标准，用前斜线齐剪法将多余的头发剪下，其余的头发按照此标准逐层进行修剪至整个区域。

注意：线条与线条之间要保持平行。

1

2

3

修剪右后区

按照同样的方法修剪右后区，以后颈部中点为标准定引导线，而后以引导线为标准逐区进行修剪。

注意：因为两侧耳朵凸起，给提拉发片带来了一定困难，所以在提拉发片时不要拉得过紧，否则头发会变短。

1

2

修剪左前区

以左后区左边分界线头发的长度为标准定左前区引导线，以引导线为标准完成左前区头发修剪。

1

2

修剪右前区

以右后区右边分界线头发的长度为标准定右前区引导线，以引导线为标准完成右前区头发修剪。

注意：当修剪到前额头发时，一定要将此区头发沿前额发际线梳顺修剪，否则修剪完成后前额的头发会变短。

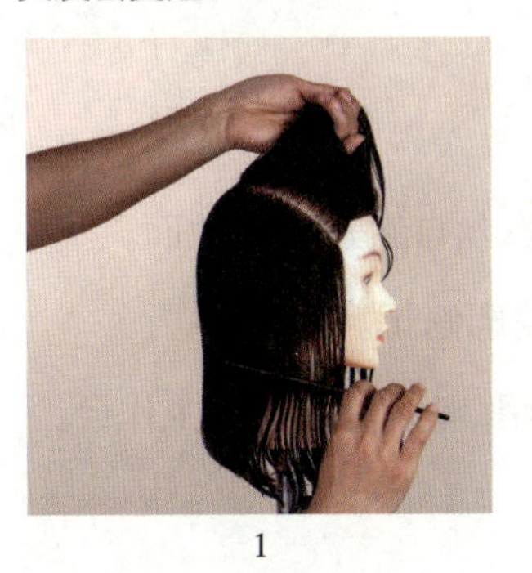
1

2

3

检查修剪方法

目测方法：

将头发顺理成型，用两手同时从两侧鬓角下拉出发束，检查长度是否一致。

注意：两侧发束高度一致。拉出发片角度一致。

修饰造型

按照直发吹风方法逐层将造型完成，所有发丝自然垂向地面，用剪刀修饰轮廓完成造型。

（三）操作流程

①与顾客沟通：根据顾客要求，制定发型。

②洗发：发型师帮助顾客穿好客袍后，带领顾客到洗头盆前坐好，用毛巾从顾客后颈部位置向前围好，再根据顾客的发质选用适合的洗护产品，清洗头发及头皮。

③工具准备：按照修剪工具准备。

④分区：按照前斜线四区划分方法进行分区。

⑤划分前斜线线条：按照分区方法进行分区。

⑥修剪发型：按照修剪方法进行修剪。

⑦吹直造型：按照直发吹风方法逐层完成造型，所有发丝自然垂直于地面。

⑧修饰造型：头发吹干后，使用梳子梳顺头发再进行轮廓修饰。

⑨整理工作台：将使用过的工具洗净后放到消毒箱备用，整理好自己的工作台。

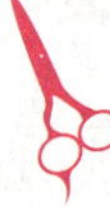

三、学生实践

（一）布置任务

活动：练习修剪技巧

在实训室里利用假模特进行修剪技巧练习。在进行修剪之前，先考虑以下几个问题，然后再进行操作。

①修剪技巧的作用是什么？

②修剪技巧有几种常用的方法？

③剪刀如何与梳子配合？

（二）工作评价（见表1-2-2）

表1-2-2

评价内容	评价标准			评价等级
	A（优秀）	B（良好）	C（及格）	
准备工作	工作区域干净、整齐，工具齐全、码放整齐，仪器设备安装正确，个人卫生、仪表符合工作要求	工作区域干净、整齐，工具齐全、码放比较整齐，仪器设备安装正确，个人卫生、仪表符合工作要求	工作区域比较干净、整齐，工具不齐全、码放不够整齐，仪器设备安装正确，个人卫生、仪表符合工作要求	A B C
操作步骤	能够独立对照操作标准，使用准确的技法，按照规范的操作步骤完成实际操作	能够在同伴的协助下，对照操作标准，使用比较准确的技法，按照比较规范的操作步骤完成实际操作	能够在老师的指导帮助下，对照操作标准，使用比较准确的技法，按照比较规范的操作步骤完成实际操作	A B C
操作时间	在规定时间内完成任务	在规定时间内，在同伴的协助下完成任务	在规定时间内，在老师帮助下完成任务	A B C
操作标准	分区准确	分区准确	分区不准确	A B C
	发丝梳理通顺	发丝梳理比较通顺	发丝梳理比较通顺	A B C
	轮廓线整齐无层次	轮廓线整齐有层次	轮廓线整齐有缺口	A B C
	手指、剪刀、梳子成斜向前线条	手指、剪刀、梳子成斜向前线条	手指、剪刀、梳子形不成斜向前线条	A B C
	修剪效果整齐并准确形成斜向前线条	修剪效果整齐并准确形成斜向前线条	修剪效果不整齐，不成斜向前线条	A B C
	吹风后发丝非常光泽	吹风后发丝光泽	吹风后发丝比较光泽	A B C
整理工作	工作区域整洁、无死角，工具仪器消毒到位，收放整齐	工作区域较为整洁，工具仪器消毒到位，收放较为整齐	工作区域较凌乱，工具仪器消毒到位，收放不整齐	A B C
学生反思				

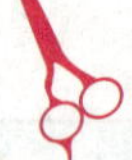

四、知识链接——修剪注意事项

①用喷壶喷水时，要用手遮住顾客的脸部，避免水喷到顾客脸上。

②梳理顾客头发时要注意梳理的力度不要过大，避免顾客感到疼痛。

③进行吹风造型时，要注意吹风机风口不要烫到顾客头皮，应时刻注意保持距离。

④剪发及吹风工具需要用75%的酒精浸泡消毒或放在紫外线消毒灯下进行消毒。

项目三 V线零度修剪造型

项目描述

V线零度修剪同直线零度和A线零度修剪造型在修剪角度上都是一样的，只是轮廓线有所不同，因此体现出来的造型效果也就截然不同。V线零度修剪效果在外形结构上比较圆润，轮廓线为前短后长，如图1-3-1所示。此发型线条柔和、饱满，就外在轮廓而言具有普遍性，也是常用的修剪方法之一。

图1-3-1

工作目标

①能够按照要求为顾客做好准备。

②能够叙述V线零度修剪与直线零度修剪的区别。

③能够按照发型的特点划分V线引导线。

④能够掌握剪发操作程序。

⑤能够掌握零度修剪的特点，并按照修剪的方法完成V线零度造型。

一、知识准备

1. V线零度修剪造型的种类

按照发型设计可以分为短款、中款和长款。

2. V线零度适合的人群

小脸型的人、发量较少的人。

3. 剪发前准备

①事先选好所使用的工具：客袍、毛巾、梳子、围布、剪刀、披肩等。

②准备好各种专业器具。

③将所有工具放在方便随时取用的位置。

④确保顾客的舒适度，并提供安全的工作位置。

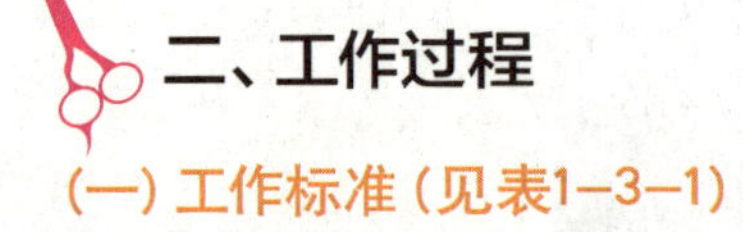

二、工作过程

（一）工作标准（见表1-3-1）

表1-3-1

内 容	标 准
准备工作	工作区域干净、整齐，工具齐全、码放整齐，仪器设备安装正确，个人卫生、仪表符合工作要求
操作步骤	能够独立对照操作标准，使用准确的技法，按照规范的操作步骤完成实际操作
操作时间	在规定时间内完成任务
操作标准	分区准确
	发丝梳理通顺
	轮廓线整齐无层次
	手指、剪刀、梳子成斜向后线条
	修剪效果整齐并成斜向后线条
	吹风时移动速度均匀
	吹风后发丝有光泽
整理工作	工作区域整洁、无死角，工具仪器消毒到位，收放整齐

（二）关键技能

1. V线零度修剪分区方法

划分第一区

使用剪发梳齿尖，以后部颈点中间点为起点，后斜线分向两侧划分一线，分界线以下的头发用夹子固定。

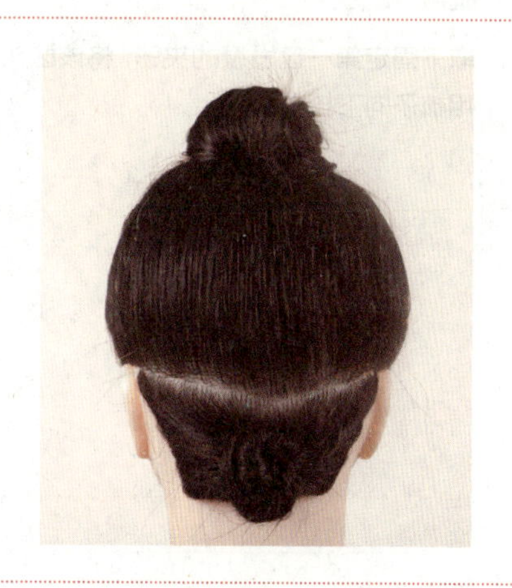

划分第二区

使用剪发梳齿尖，以黄金后部中间点为起点，后斜线向两侧前侧点划分一线，分界线以下的头发用夹子固定。

注意：两侧分区线条位置高度要一致，分界线线条要与第一区域分界线线条平行。

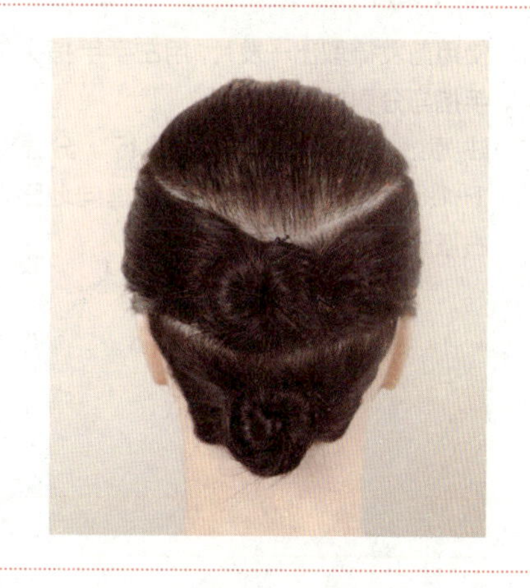

划分第三区

第二区分界线以上的头发用夹子固定。

1

2

2. 后斜线修剪技巧

梳顺头发

取下固定第一区发髻的夹子，将该区头发打湿，用梳子向下梳顺头发。

挑出发片

使用剪发梳取出一发片，用左手手指夹住发片，手指与分界线线条平行。

注意：视角与剪切线平行。分发片厚度1~1.5cm。发片角度是0°，垂向地面。发片左右摆动会产生角度。

修剪

用左手指夹住发片，按照剪刀的使用方法进行修剪。

注意：剪刀尖要与手指平行。剪切线在一条前高后低的斜线上。

3. V线零度修剪方法

分区

按照后斜线三区的划分方法进行分区，分区后，分别用夹子将各区域的头发夹住。

注意：分区时线条划分得要清晰。

1

2

V 线零度修剪

划分后斜线线条

同时将第一区底部的头发分出来，以颈部中点为起点分别向左右斜上方划分线条，将头发梳顺。

注意：划分线条前高后低，两边一致。根据不同造型的要求，线条倾斜角度会有所变化。

定引导线

从颈部中心点取出一缕头发定后部长度，然后夹住发片，手指与线条平行，以这缕头发的长度为标准进行修剪定引导线。

注意：修剪时，手指始终与分界线线条平行。

1

2

3

修剪第一区

用剪发梳齿尖，继续向上以后斜线划分方法划分一线，将此发片向下梳顺，以引导线的长度为标准，用后斜线齐剪方法将多余的头发剪下，其余的头发按照此标准逐层进行修剪。

注意：引导线第一剪在1cm处剪平。

1

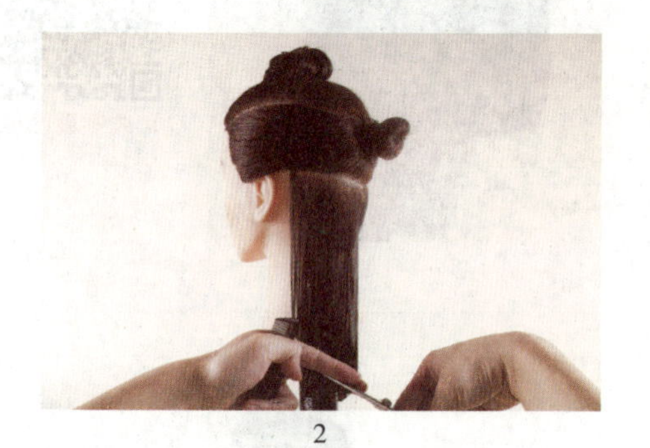

2

3

修剪第二区（一）

按照同样的方法继续划分第二区，同样从后面中间位置进行修剪直至两侧。

注意：因为两侧耳朵凸起，所以妨碍发片零角度提拉，注意提拉发片时手指不能用力，不要把发片拉得过紧。利用剪刀尖部轻压耳上头发使头发向上回弹，再修剪导线，达到剪切线条一致的效果。

1

2

3

4

修剪第二区（二）

将第二区剩余的头发全部放下，按照同样的修剪方法，从后面中间位置进行修剪直至两侧。

1

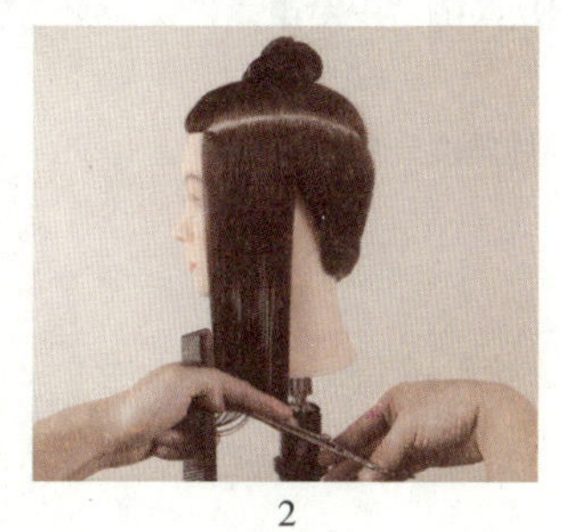
2

3

修剪第三区（一）

按照同样的方法继续向上划分，以下方导线为标准，用同一方法进行修剪。

1

2

3

修剪第三区（二）

将第三区头发均匀地放置两侧，以同样的方法完成修剪。

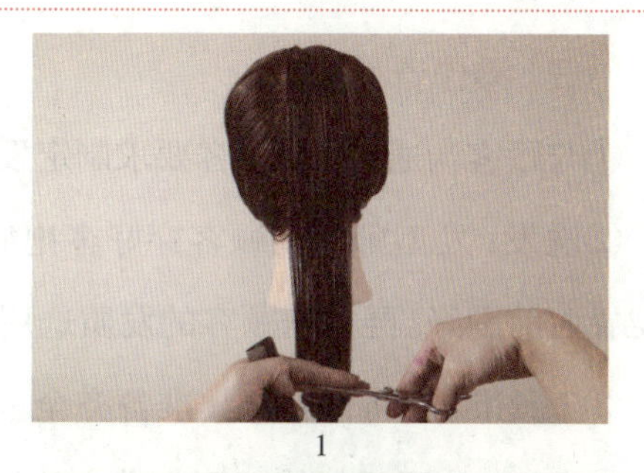
1

2

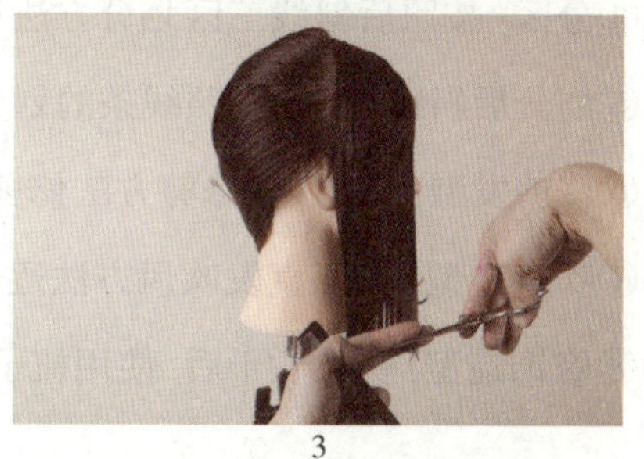
3

检查层次的方法

目测：
按照V线零度修剪角度，两手同时从两侧拉出发束，检查长度是否一致。
注意：两侧发束高度一致。拉出发片角度一致。

修饰造型

使用吹风机将头发吹直，形成前短后长的效果。
按照直发吹风方法逐层将造型完成。所有发丝自然垂向地面，再用剪刀对边缘进行造型修饰。

（三）操作流程

①与顾客沟通：根据顾客要求制定发型。

②洗发：发型师帮助顾客穿好客袍后，带领顾客到洗头盆前坐好，用毛巾从顾客后颈部位置向前围好，再根据顾客的发质选用适合的洗护产品，清洗头发及头皮。

③工具准备：将修剪工具准备齐全。

④分区：按照后斜线三区划分方法进行分区。

⑤划分后斜线线条：按照线条的划分方法划分后斜线线条。

⑥修剪发型：按照V线修剪方法修剪V线造型。

⑦吹直造型：按照直发吹风方法逐层将造型完成，所有发丝自然垂向地面。

⑧修饰造型：头发吹干后，使用梳子梳顺头发再进行轮廓修饰。

⑨整理工作台：将使用过的工具洗净后放到消毒柜里备用，整理工作台。

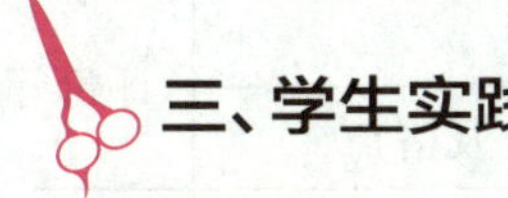

三、学生实践

（一）布置任务

用四节课为美容班学生修剪头发。

要求：造型要简单，符合学生的身份，造型不要夸张。

先思考以下问题并将结果记录下来。

①如何为顾客做准备。

②你需要什么工具。

③你为模特设计什么样的发型。

④你准备如何操作。

⑤此发型的修剪步骤是哪些。

⑥线条如何划分。

⑦从什么地方开始修剪。

（二）工作评价（见表1-3-2）

表1-3-2

评价内容	评价标准			评价等级
	A（优秀）	B（良好）	C（及格）	
准备工作	工作区域干净、整齐，工具齐全、码放整齐，仪器设备安装正确，个人卫生、仪表符合工作要求	工作区域干净、整齐，工具齐全、码放比较整齐，仪器设备安装正确，个人卫生、仪表符合工作要求	工作区域比较干净、整齐，工具不齐全、码放不够整齐，仪器设备安装正确，个人卫生、仪表符合工作要求	A B C
操作步骤	能够独立对照操作标准，使用准确的技法，按照规范的操作步骤完成实际操作	能够在同伴的协助下，对照操作标准，使用比较准确的技法，按照比较规范的操作步骤完成实际操作	能够在老师的指导帮助下，对照操作标准，使用比较准确的技法，按照比较规范的操作步骤完成实际操作	A B C

续表

评价内容	评价标准			评价等级
	A(优秀)	B(良好)	C(及格)	
操作时间	在规定时间内完成任务	在规定时间内，在同伴的协助下完成任务	在规定时间内，在老师帮助下完成任务	A B C
操作标准	分区准确	分区准确	分区不准确	A B C
	发丝梳理通顺	发丝梳理比较通顺	发丝梳理比较通顺	A B C
	轮廓线整齐无层次	轮廓线有层次	轮廓线有缺口	A B C
	手指、剪刀、梳子成斜向后线条	手指、剪刀、梳子成斜向后线条	手指、剪刀、梳子不成斜向后线条	A B C
	修剪效果整齐并形成斜向后线条	修剪效果整齐并形成斜向后线条	修剪效果不整齐、形不成斜向后线条	A B C
	吹风后发丝非常光泽	吹风后发丝光泽	吹风后发丝比较光泽	A B C
整理工作	工作区域整洁、无死角，工具仪器消毒到位，收放整齐	工作区域整洁，工具仪器消毒到位，收放整齐	工作区域较凌乱，工具仪器消毒到位，收放不整齐	A B C
学生反思				

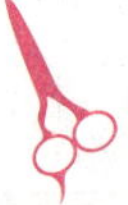

四、知识链接——发型与体型

发型与体型有着密切的关系，发型处理得好，对体型能起到扬长避短的作用，反之就会夸大形体缺点，破坏人的整体美。各种体型的人选择发型的原则为：

①瘦高型：该种体型的人多数脸形也是瘦长的，一般颈部较长。要弥补这些不足，应采用两侧蓬松、横向发展的发型，发型要求生动饱满，避免将头发梳得紧贴头皮，或将头发搞得过分蓬松、造成头重脚轻之感。一般来说，瘦高身材的人比较适宜留长发、直发。

应避免将头发削剪得太短薄或高盘于头顶上。头发长至下巴与锁骨之间较理想，且要使头发显得厚实、有分量。

②矮小型：个子矮小的人给人一种小巧玲珑的感觉，在发型选择上要与此特点相适应。发型应以秀气、精致为主，避免粗犷、蓬松，否则会使头部与整个形体的比例失调，给人产生大头小身体的感觉。身材矮小者也不适宜留长发，因为长发会使头显得大，破坏人体比例的协调。烫发时应将花式、块面做得小巧精致一些。若盘头也有身材增高的错觉。

③高大型：该体型给人一种力量美，但对于女性来说，缺少苗条、纤细的美感。应适当减弱这种高大感，发式上应以大方简洁为好。不宜留短发，根据个人脸形及爱好，选择中长发，一般以直发为好，或者是大波浪卷发，头发不要太蓬松。总的原则是简洁明快，线条流畅。

④矮胖型：矮胖者一般颈部较短，头发不宜留长，最好采用略长的短发式样，两鬓要服贴，后发际线应修剪得略尖，尽可能让头顶区头发略高，显露脖子以在视觉上增加身体高度。头发应避免过于蓬松或过宽。

项目四 长发低层次修剪造型

项目描述

长发低层次修剪造型的特点是，整体轮廓重心位置下移，层次间落差较小，发型的重塑性比较高。经过修剪后的低层次发型，上边的头发长，下边的头发短，层次结构比较窄，下边的头发无动感，上边的头发则产生动感，能体现出头发的质感与厚度，给人一种安稳的印象，如图1-4-1所示。

图1-4-1

工作目标

①能够按照修剪的分区标准划分线条。

②能够叙述长发低层次修剪的操作程序。

③能够根据自己的实操过程，总结长发低层次修剪的要点。

④能够根据脸形制定长发低层次修剪的方案。

⑤能够按照长发低层次的修剪角度标准完成修剪造型。

一、知识准备

1. 长发低层次修剪适合的人群

①细软发质、正常发质、沙性发质的人。

②发量较少的人。

③希望头发整齐有形状的人。

④身材高挑的人。

2. 剪发时需注意的地方

①看什么样的造型适合顾客。

②检查头发自然生长方向，不要逆着自然生长方向，否则客户会很难梳理。

③用夹子进行头发分区，保持分区范围狭窄一些。

④剪发时使用带孔刷，把头发向多个方向梳理，然后看头发落下的造型。

⑤把喷壶放在手头上，头发干时喷洒一些水。

⑥用镜子从不同的角度来观察效果。

⑦手柄镜可以放在发际线下来观察头发的分层（短发）。

⑧剪耳朵或前额附近的头发时，不要用力拉头发，否则剪后会弹起显得很短，因此可使用自由式剪法。

⑨检查客户头部的位置，是否呈水平状态，如有倾斜会影响效果。

⑩确保头发两边剪的一样平。

⑪从顾客眼睛的角度来查看头发长度是否一致。

⑫剪发时随时询问客人“长度是否可以”。

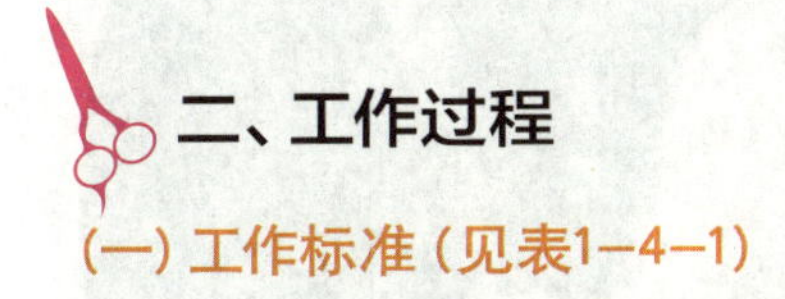

二、工作过程

（一）工作标准（见表1-4-1）

表1-4-1

内 容	标 准
准备工作	工作区域干净、整齐，工具齐全、码放整齐，仪器设备安装正确，个人卫生、仪表符合工作要求

续表

内 容	标 准
操作步骤	能够独立对照操作标准，使用准确的技法，按照规范的操作步骤完成实际操作
操作时间	在规定时间内完成任务
操作标准	分区准确
	发丝梳理通顺
	发丝与头皮的夹角成30°
	修剪层次效果均匀
	吹风时速度均匀
	翻翘效果均匀无棱角
整理工作	工作区域整洁、无死角，工具仪器消毒到位，收放整齐

(二) 关键技能

1. 五区的划分方法

划分刘海区

使用剪发梳齿尖，以顶点为起点分别向左右额角划分一线，此时刘海区完成。用夹子将头发固定。

划分左前区

使用剪发梳齿尖，以顶点为起点直线向左耳耳点划分一线，再用夹子将划分好的左前区头发固定。

划分左后区

使用剪发梳齿尖，以顶点为起点向后颈点划分一线，再用夹子将划分好的左后区头发固定。

划分右前区

使用剪发梳齿尖，以顶点为起向右耳耳点划分一线，再用夹子将划分好的右前区头发固定。

划分右后区

以上四区分好后，右后区自然呈现，用夹子将剩下的头发固定。

注意：左右后区要大小均匀一致。

2. 垂直夹剪法

梳顺头发

取下固定左后区发髻的夹子，将该区头发打湿，用梳子向下梳顺头发。

划分竖线线条

使用剪发梳齿尖，以竖线线条划分出一束发片，发片宽度为1~1.5cm。

梳理发片

将挑出的发片用剪发梳梳顺，用左手食指和中指夹住发片。

注意：在梳理发型时，梳子同手指左右交替，配合要协调。梳发的顺序从发根至发尾。

修剪

用左手手指夹住发片，以45° 提拉角度进行修剪。

注意：在修剪时发片要拉直，否则修剪的长度不一致。

3. 长发低层次修剪方法

分区

按照五区划分方法进行分区，分区后，分别用夹子将各区域的头发夹住。

注意：分区时，线条划分得要清晰。

长发低层次修剪

定引导线

先修剪左后区，从底部开始挑出一束发片，划分V线线条，根据设计的长短定引导线。

注意：定引导线时将发片垂向地面以0°进行修剪，手指与线条平行。

竖线划分线条

将左后区的头发分为底层、中层、上层。先修剪底层，使用剪发梳齿尖，用直线划分方法挑出一个长形发片。

注意：挑发片时厚度不要超过1.5cm，否则层次修剪就不够准确。

修剪左后区（一）

将挑出的发片同引导线一起以45° 拉出，手指垂直于地面以引导线的长度为标准，用垂直夹剪方法将多余的头发剪下。修剪第二片头发时，以第一片头发长度为标准进行修剪直至底部区域完成。

注意：发片提拉角度为45° 。

1

2

3

修剪左后区（二）

修剪左后区中部头发，以底部修剪完成的头发为标准进行修剪，提拉角度为45° 修剪直至中部完成。

1

2

修剪左后区（三）

修剪顶部区域头发时，以中部发片为标准，夹发片的手指垂直于地面，发片提拉角度小于45° 完成左后区的操作 。

1

2

修剪右后区

以左后区发片引导线为标准，按照左后区修剪方法完成整个右后区。

注意：手指的变化和发片角度的变化都可以改变层次。

修剪左前区

以左后区发片引导线为标准，夹剪方法逐层修剪至整个左前区。

注意：发片角度不要拉得过高，避免剪掉底线。

修剪右前区

以右后区发片引导线为标准，按照右后区修剪方法完成整个右前区修剪。

注意：发片间的衔接，可以十字交叉法进行检查。

修剪刘海区引导线

从前额处划分一横线将发片头发梳顺，按照设计的长度进行修剪。

修剪刘海区

竖线提拉发片，发片提拉角度为45°，以引导线为标准进行修剪，完成刘海区域的修剪。

注意：根据设计定发帘的长度。

修剪造型

修剪完成后将头发梳顺，观察修剪效果，如不够精细再进行修饰。

4. 外翻吹风方法

手握吹风机

右手握住吹风机的手柄。

翻翘

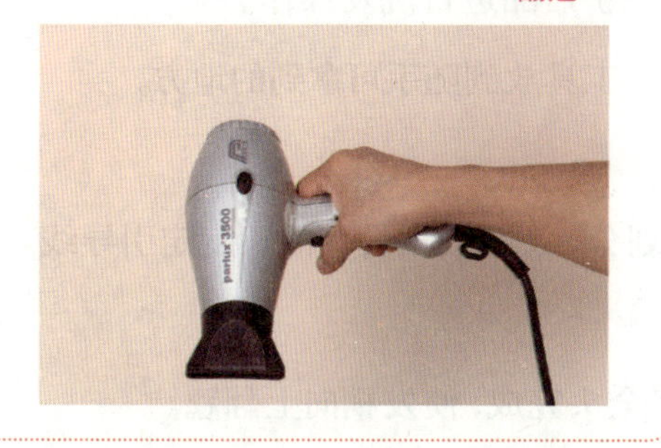

挑出发片

使用左手手指以平直线方法取出一发片，右手握住滚梳，并将梳子放在发片下面，再将吹风机风口放在发片上面。

拉直发片

将发梳放在发片下面，吹风机的风口放在发片上面，从发根开始匀速向下移动梳子将发片吹顺。

注意：吹风机的风口随着梳子的移动而移动。

吹外翻

将发梳放在发片的上面，从发梢开始将头发卷起，利用滚梳梳齿拉紧发片，吹风机放在发刷的下面，梳子匀速向上下移动，吹风机随着梳子移动。

注意：滚梳移动到发梢时，右手手指把滚梳向上转动，将发梢吹光吹亮。

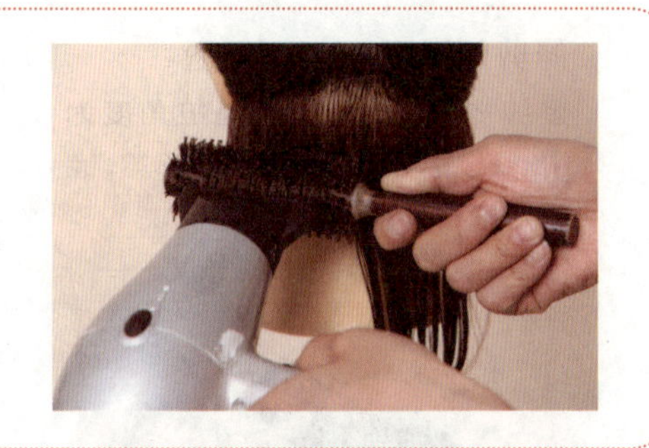

修饰造型

造型完毕。

按照吹外翻发片方法逐层将全头完成，并用手对整体造型进行修饰。

（三）操作流程

①与顾客沟通：根据顾客要求制定发型。

②洗发：发型师帮助顾客穿好客袍后，带领顾客到洗头盆前坐好，用毛巾从顾客后颈部位置向前围好，再根据顾客的发质选用适合的洗护产品进行洗发操作。

③工具准备：准备好消毒过的修剪工具，并将工具放到随手可拿到的地方。

④分区：按照五区划分方法进行分区。

⑤划分线条：使用剪发梳齿尖，从底部区域划分一线，根据设计的长度定引导线。

⑥修剪造型：按照修剪的方法进行修剪。

⑦吹外翻造型：按照吹外翻发片方法逐层将全头完成，使发梢向上翻翘。

⑧最后造型：观察最终造型效果是否达到顾客满意。

⑨整理工作台：摘下围布，整理工作台，将使用的工具放到消毒箱内。

三、学生实践

（一）布置任务

顾客头发属于发质比较健康的长发，只是发量稍微少了一点，在不减少发量的情况下为她设计一款发型。在实习室根据顾客的要求完成长发低层次的修剪，并完成外翻造型。

修剪要求：层次均匀一致。两侧长度一致。

造型要求：发丝纹路顺畅、光亮。发尾翻翘方向一致。

（二）工作评价（见表1-4-2）

表1-4-2

评价内容	评价标准			评价等级
	A（优秀）	B（良好）	C（及格）	
准备工作	工作区域干净、整齐，工具齐全、码放整齐，仪器设备安装正确，个人卫生、仪表符合工作要求	工作区域干净、整齐，工具齐全、码放比较整齐，仪器设备安装正确，个人卫生、仪表符合工作要求	工作区域比较干净、整齐，工具不齐全、码放不够整齐，仪器设备安装正确，个人卫生、仪表符合工作要求	A B C
操作步骤	能够独立对照操作标准，使用准确的技法，按照规范的操作步骤完成实际操作	能够在同伴的协助下，对照操作标准，使用比较准确的技法，按照比较规范的操作步骤完成实际操作	能够在老师的指导帮助下，对照操作标准，使用比较准确的技法，按照比较规范的操作步骤完成实际操作	A B C
操作时间	在规定时间内完成任务	在规定时间内，在同伴的协助下完成任务	在规定时间内，在老师帮助下完成任务	A B C
操作标准	分区准确	分区准确	分区不准确	A B C
	发丝梳理非常通顺	发丝梳理通顺	发丝梳理比较通顺	A B C
	提拉发片角度非常准确	提拉发片角度准确	提拉发片角度比较准确	A B C
	修剪层次效果均匀	修剪层次效果有硬线	修剪层次效果不一致	A B C
	两侧翻翘效果非常对称	两侧翻翘效果对称	两侧翻翘效果比较对称	A B C
	吹风后发丝非常光泽	吹风后发丝光泽	吹风后发丝比较光泽	A B C
整理工作	工作区域整洁、无死角，工具仪器消毒到位，收放整齐	工作区域整洁，工具仪器消毒到位，收放整齐	工作区域较凌乱，工具仪器消毒到位，收放不整齐	A B C
学生反思				

四、知识链接——修剪中经常出现的事故

①不小心剪到客人：万一发生这种情况，要保持冷静，给客人一个消毒的布片，让其用手压住止血，不要用手去触摸伤口，如果伤口较大则需要送医院治疗。

②不小心剪到自己：很多美发师会弄伤自己的食指和中指，如果受伤，先停下手里的工作，并向客人解释原因，用水清洗一下伤口，冲掉头发茬，用消过毒的布片压住伤口止血，晾干伤口，贴上创可贴。

项目五 方形BOB修剪造型

项目描述

BOB修剪造型可以通过头发分区和提拉发片的方向及手的拉力使发型更具有层次，能够让扁平的头形达到饱满的效果。方形BOB修剪轮廓呈上长下短、前长后短，对修饰脸形有很好的效果，见图1-5-1。

图1-5-1

工作目标

①能够按照方形BOB发型的分区方法进行操作。

②能够按照技术标准，达到方形BOB发型的修剪要求。

③能够按照技术标准，准确地控制发片的位置。

④能够完整地修剪BOB发型。

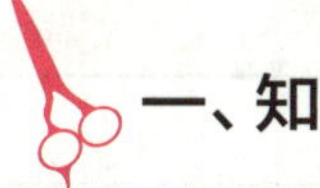

一、知识准备

1. 剪发前准备

①事先选好所使用的器具：客袍、毛巾、梳子、剪发围布、剪刀、披肩等。

②准备好各种专业器具。

③将所有器具放在能随时手取的位置。

④确保顾客的舒适度，并提供安全的防护措施。

2. 发型构成要素

①角度：提拉发片与头皮的夹角。

②层次：使发梢有次序地排列。

③角度与层次的关系：角度大、层次高；角度小、层次低。

3. 选择发型的基本因素

①头形与脸形。

②头部、脸部及身体特征。

③选择发型的理由及目的。

④头发的质、量与分布情况。

⑤头发的位置、发质、生长情况与方向。

⑥年龄。

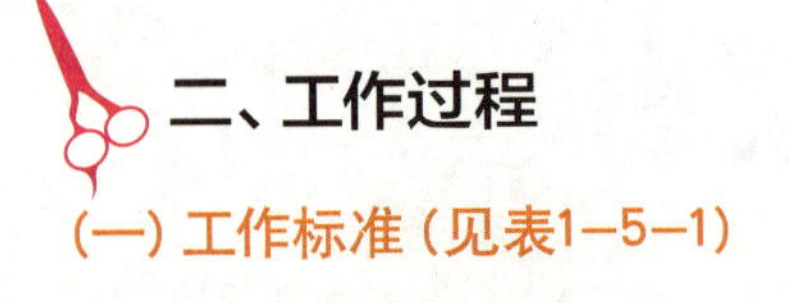

二、工作过程

（一）工作标准（见表1-5-1）

表1-5-1

内 容	标 准
准备工作	工作区域干净、整齐，工具齐全、码放整齐，仪器设备安装正确，个人卫生、仪表符合工作要求
操作步骤	能够独立对照操作标准，使用准确的技法，按照规范的操作步骤完成实际操作
操作时间	在规定时间内完成任务
操作标准	分区准确
	发丝梳理通顺
	手指、剪刀、梳子成方形线条
	修剪成BOB方形低层次效果
	吹风时速度均匀
	两侧头发内扣效果一致
整理工作	工作区域整洁、无死角，工具仪器消毒到位，收放整齐

（二）关键技能

1. 五条转角线的划分方法

划分左侧转角线

将剪发梳平放在头顶最高点上，然后再用另一把剪发梳垂直放在左侧最高点上。两把剪发梳子形成90° 夹角，在夹角的一半对应的点，按照平直线划分法划分一线。

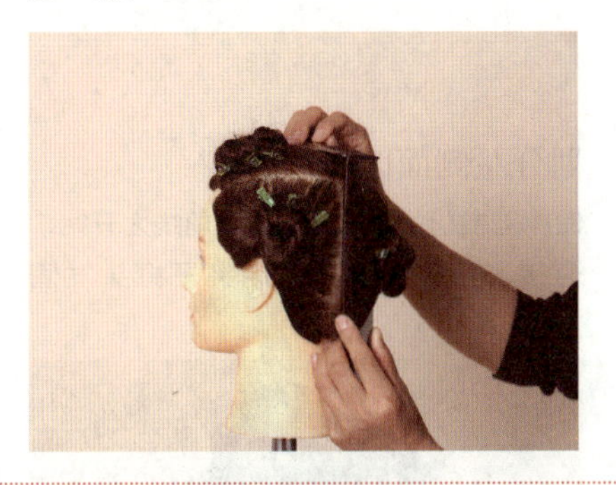

划分右侧转角线

将剪发梳平放在头顶最高点上，然后再用另一把剪发梳垂直放在右侧最高点上。两把剪发梳子形成90° 夹角。在夹角的一半对应的点，按照平直线划分法划分一线。

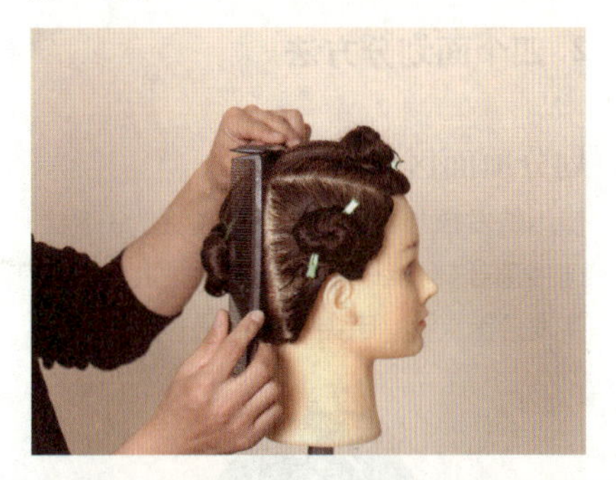

划分顶部转角线

将剪发梳平放在头顶最高点上，然后再用另一把剪发梳垂直放在枕骨最高点上。两把剪发梳形成90° 夹角。此夹角对应的点往左右两边延伸连接两侧转角线。

划分左后侧转角线

将剪发梳横放在左侧转角处 ，然后再用另一把剪发梳横放在枕骨最高点上。两把剪发梳形成90° 夹角，此夹角对应的点连接顶部及两侧转角线。

划分右后侧转角线

将剪发梳横放在右侧最高点上，然后再用另一把剪发梳横放在枕骨最高点上。两把剪发梳子形成90°夹角，在夹角的一半对应的点，按照竖线划分法划分一线。

2. 四个面划分方法

划分顶面区域

使用剪发梳齿尖，以左侧转角线为开始，连接顶部转角线、右侧转角线，此时顶面头发分区完成，用夹子将头发固定。

划分左侧面区域

使用剪发梳齿尖，以左侧转角线为开始，连接左后面转角线，用夹子将头发固定。

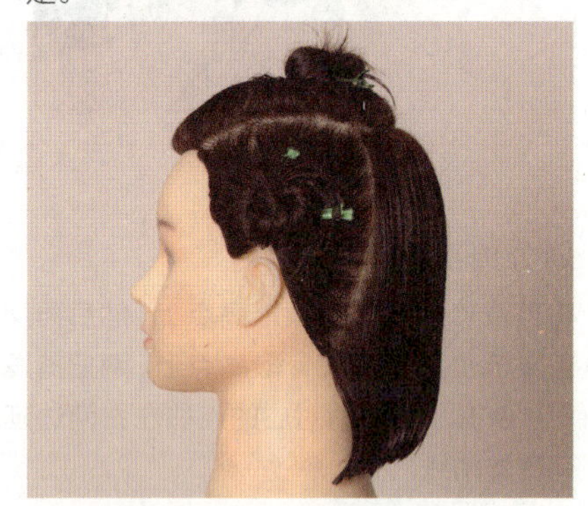

划分右侧面区域

使用剪发梳齿尖，以右侧转角线为开始，连接右后面转角线，用夹子将头发固定。

划分后面区域

使用剪发梳齿尖，以左后侧转角线为开始，连接顶部转角线、右后侧转角线。用夹子将头发固定。

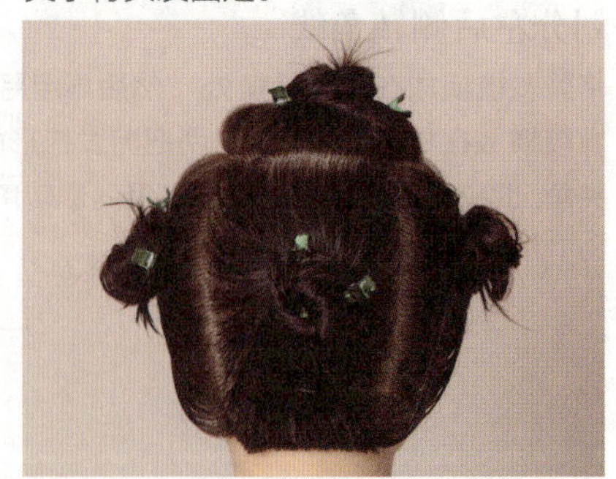

3. 内扣吹风方法

手握吹风机

按照直线吹风的方法握住吹风机。

内扣

挑出发片

按照直线吹风的方法挑出发片。

注意：使用滚梳进行内扣吹风。

吹发

采取内扣的吹风方法，送风方向从发根至发尾，滚梳移动到发梢时，右手手指向下转动滚梳，将发梢方向变成内扣。

1

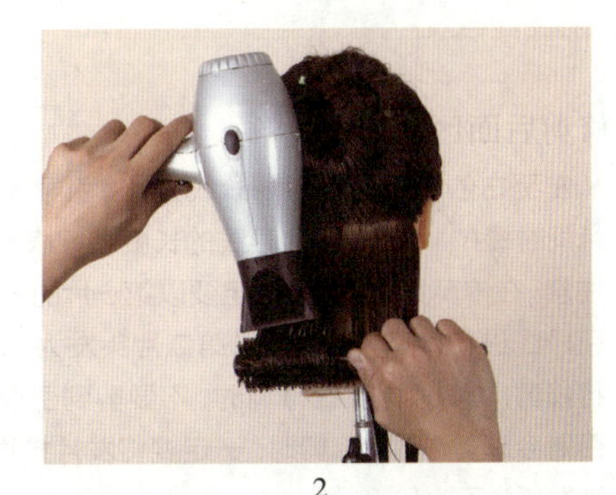
2

4. 方形BOB修剪方法

分区

按照四面划分方法进行分区。

方形 BOB 修剪

划分平直线线条

使用剪发梳齿尖从后面区域底部开始，以后面右侧转角点为起点，向后面左侧转角点划分一条直线。

注意：线条与地面平行。发片厚度为4cm。

定后部区域引导线

将划分出来的发片用剪发梳向下梳顺，按照设计要求修剪引导线。

修剪后面区域

从左至右依次开始竖向划分线条，将引导线及发片同时提拉45°，按照引导线的长度进行修剪。

注意：在修剪第二片时，一定要以第一片的长度为引导线进行修剪，第三片以第二片头发为标准进行修剪，以此类推。在修剪时，不要剪到引导线，否则会越剪越短。修剪时，一定要将发片拉直，否则发长会不一致。

定侧面引导线

以后面区域最左侧一点为标准定左侧区域引导线。定引导线时，将头发稍稍向后拉向后部区域转角处，以转角处的头发长度为标准进行修剪，使侧面轮廓线逐渐加长。

修剪左面区域（一）

使用剪发梳齿尖，从靠近后面的区域竖向划分发片，将发片向后提拉到转角线位置，以后面转角位置发片的长度为标准进行修剪 。

修剪左面区域（二）

将左侧区域竖向划分线条，从后往前依次将发片拉向后位左侧转角处，以后部左侧转角处发片的角度及长度为标准进行修剪。

修剪右面引导线

以后面区域最右侧一点为标准定右侧区域引导线。定引导线时，将头发稍稍向后拉向后部右侧区域转角处，以转角处的头发长度为标准进行修剪，使侧面轮廓线逐渐加长。

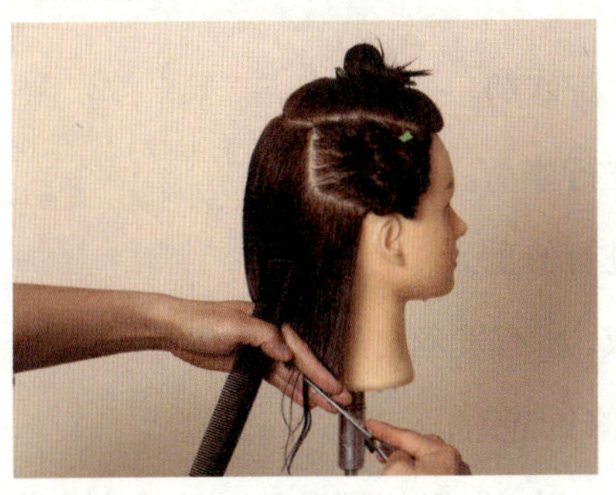

修剪右面区域

将右侧区域竖向划分线条，从后往前依次将发片拉向后位右侧转角处，以后部右侧转角处发片长度为标准进行修剪。

修剪顶面区域

将顶面区域的直线方法划分线条，逐层至顶部转角处，以顶部转角处发片长度为标准，进行修剪。

修饰造型

修剪完毕后，修饰整体轮廓及做造型。

修剪完毕后，用吹风机按照内扣的吹风方法逐层来完成造型，并用剪刀修饰出轮廓。

（三）操作流程

①与顾客沟通：倾听顾客的要求，根据顾客愿望制定发型。

②洗发：帮助顾客穿好客袍后，带领顾客到洗头盆前坐好，用毛巾从顾客后颈部位置向前围好，根据顾客的发质选用适合的洗护产品，清洗头发及头皮。

③工具准备：准备修剪工具，并将工具放在随手能拿到的地方。

④分区：按照四区方法将头发进行分区。

⑤修剪后面区域：按照后面区域的修剪方法进行修剪。

⑥修剪侧面区域：按照侧面区域的修剪方法进行修剪。

⑦修剪顶部区域：按照顶部区域的修剪方法进行修剪。

⑧造型：按照内扣的吹风方法逐层将造型完成，所有发丝自然垂向地面。

⑨最后造型：头发吹干后，使用梳子梳顺头发修饰轮廓。

⑩整理工作台：工作完毕后，将工作台整理干净、整齐，将使用过的工具洗净后放到工

具箱里。

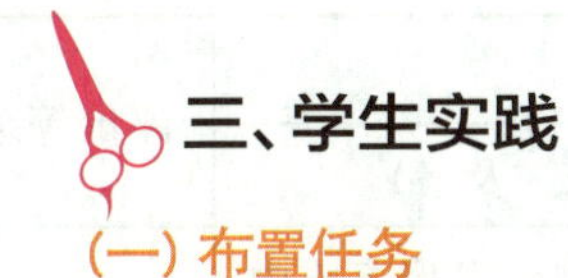

三、学生实践

(一) 布置任务

在实习室按照老师的规定时间，利用教学模型完成方形BOB修剪造型。先思考几个问题：

①如何找到转角线？

②为何要分区？

③修剪的步骤是什么？

④修剪后的效果是怎样的？

(二) 工作评价（见表1—5—5）

表1—5—5

评价内容	评价标准			评价等级
	A（优秀）	B（良好）	C（及格）	
准备工作	工作区域干净、整齐，工具齐全、码放整齐，仪器设备安装正确，个人卫生、仪表符合工作要求	工作区域干净、整齐，工具齐全、码放比较整齐，仪器设备安装正确，个人卫生、仪表符合工作要求。	工作区域比较干净、整齐，工具不齐全、码放不够整齐，仪器设备安装正确，个人卫生、仪表符合工作要求	A B C
操作步骤	能够独立对照操作标准，使用准确的技法，按照规范的操作步骤完成实际操作	能够在同伴的协助下，对照操作标准，使用比较准确的技法，按照比较规范的操作步骤完成实际操作	能够在老师的指导帮助下，对照操作标准，使用比较准确的技法，按照比较规范的操作步骤完成实际操作	A B C
操作时间	在规定时间内完成任务	在规定时间内，在同伴的协助下完成任务	在规定时间内，在老师帮助下完成任务	A B C
操作标准	分区准确	分区准确	分区不准确	A B C
	发丝梳理非常通顺	发丝梳理通顺	发丝梳理比较通顺	A B C
	修剪成BOB方形低层次效果非常均匀	修剪成BOB方形低层次效果均匀	修剪成BOB方形低层次效果不均匀	A B C

续表

评价内容	评价标准			评价等级
	A(优秀)	B(良好)	C(及格)	
	两侧头发内扣效果一致	两侧头发内扣效果不一致	两侧头发形不成内扣效果	A B C
	吹风后发丝非常光泽	吹风后发丝光泽	吹风后发丝比较光泽	A B C
整理工作	工作区域整洁、无死角，工具仪器消毒到位，收放整齐	工作区域整洁，工具仪器消毒到位，收放整齐	工作区域较凌乱，工具仪器消毒到位，收放不整齐	A B C
学生反思				

四、知识链接——头发造型产品

市面上头发造型产品种类很多，而且不断推陈出新。造型产品通常含有其他成分或添加物，以使用锁水或排水的方法，提供防护效果，增加头发光泽、亮度以及定型的作用。

①吹发产品：摩丝等产品可避免头发因过热而受损，当吹风机的热风吹在头发上时，摩丝可使发型产生浓厚感，或可用于造型波纹发型，摩丝有针对不同发质与发型设计的各种类型。

②梳发造型辅助产品：是一种强化头发的产品，可增加头发的光泽与亮度，并可以去除头发静电使之易于梳理；有些定型产品，还可固定头发的动态或赋予头发质感。

③防护产品：是避免头发因造型受损的产品。由于经常使用化学用品可能伤害头发，此种产品具有一定的防护作用。

④其他类别产品：有的能强化或增加头发的卷曲度；有的则能去除不必要的卷曲，使头发更加平顺；有的可湿润头发，能营造出湿发的效果。

项目六 圆形BOB修剪造型

项目描述

圆形BOB修剪与方形BOB修剪在层次上有相同之处，都是在底部发生层次，但圆形BOB造型修剪后，外部轮廓呈圆形，整个发型轮廓饱满圆润，如图1-6-1所示，造型效果活泼可爱，深受年轻女士欢迎。

图1-6-1

工作目标

①按照顾客要求设计圆形BOB造型方案。

②按照规范的分区程序进行分区。

③按照规范的圆形BOB修剪程序准确地提拉发片角度 。

④能完成圆形BOB造型的修剪。

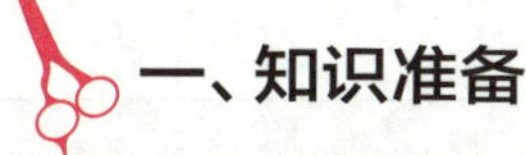

一、知识准备

1. 两只耳朵的差异

凡是天生的事物都很难对称，尤其是脸部，脸部的一边通常很难与另一边一模一样。耳朵也是如此，可能呈现一边大一边小或两耳形状不同，甚至高度不同的状况。在着手剪发之前，需考虑到这些差异。

2. 头发的种类

若顾客的头发极卷，则在拉出发片之后，依旧会恢复原状，同样呈现波纹状的头发；若下剪时太靠近发根，头发可能会翘出来，进而破坏了发型。极细的头发很容易看出剪发的痕迹，分区时若提拉发片量过厚或过宽，则会容易露出修剪后的线条。因此必须准确掌握好提拉发片的厚度。

3. 层次

将头发部分拉高，并从不同角度修剪就能营造出层次，目的在于透过一连串小而不易察觉的线条或层次，来营造连贯性的轮廓形状。层次是一种可造型和控制的方法。若按头部及脸部的轮廓做出层次，能营造出魅力无穷的完美效果。当然，必须将发质、生长模式、头形与脸形、是否戴眼镜或助听器等因素一起考虑。并且在修剪层次时不要忘记考虑各种不同的脸型。

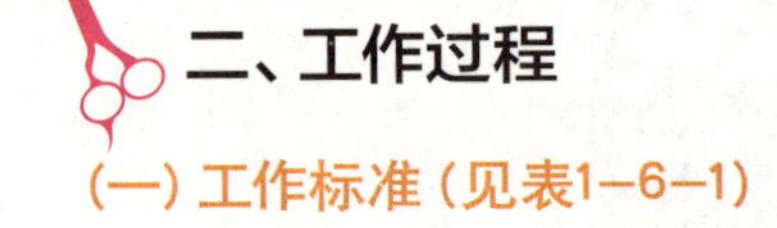

二、工作过程

(一) 工作标准 (见表1-6-1)

表1-6-1

内 容	标 准
准备工作	工作区域干净、整齐，工具齐全、码放整齐，仪器设备安装正确，个人卫生、仪表符合工作要求
操作步骤	能够独立对照操作标准，使用准确的技法，按照规范的操作步骤完成实际操作
操作时间	在规定时间内完成任务
操作标准	分区准确
	发丝梳理通顺
	手指、剪刀、梳子成圆形轮廓
	修剪成BOB圆形低层次效果
	吹风时速度均匀
	两侧头发内扣效果一致
整理工作	工作区域整洁、无死角，工具仪器消毒到位，收放整齐

（二）关键技能

分区

按照两区划分法进行分区。

圆形 BOB

划分后斜线线条

将分好的第一区头发垂直梳顺，使用剪发梳齿尖，从中线向耳部方向划分一条弧线。

定引导线（一）

从额部中心点开始挑出一束发片将其梳顺，按照设计的长度定引导线。

注意：拉发片时不要太用力，否则头发会变短。

定引导线（二）

以第一片引导线为标准向下移动修剪第二片头发，提拉角度为0°。

定引导线（三）

继续向下移动修剪第三片头发，修剪角度为0°。

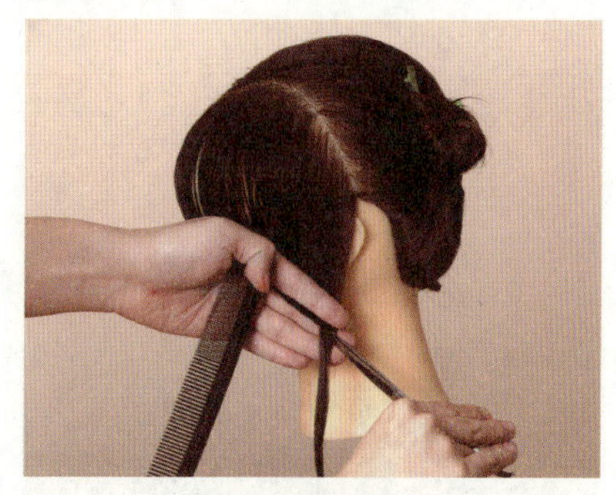

修剪第二发片（一）

随后1cm线条至耳后，修剪层次为30°渐变为0°。

修剪第二发片（二）

沿分区线继续向下修剪，提拉角度逐层递减至0°。

修第三发片（一）

继续向后划分线条，从头部中心位置提拉发片，以引导线为标准提升角度为40°进行修剪。

修第三发片（二）

继续向下移动发片，此后每片头发修剪时提拉角度逐层降低。

修第三发片（三）

继续移动发片至耳下部，修剪最后一束发片时提拉角度为0°。

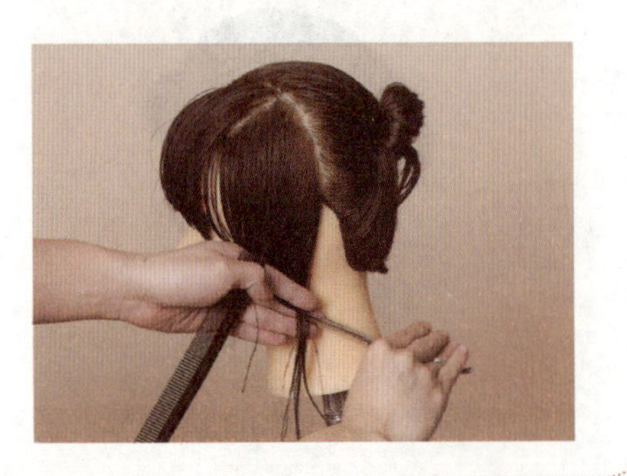

修剪第四发片

从头部中心位置进行修剪，逐层向下移动发片，角度随着发片的移动而逐渐降低，修剪到最后一片头发时提拉角度降为0°。

注意：在修剪时，线条与线条始终保持平行。

修剪第五发片（一）

继续向后划分线条，以引导线为标准进行修剪，提拉角度为60°。

修剪第五发片（二）

向下移动发片，此时在修剪时提拉角度由60°渐变为90°，随着发片的移动提拉角度逐渐降低。

修剪第五发片（三）

修剪到最后一片发片时，提拉角度渐变为0°。

修剪第六发片（一）

继续向后划分线条，此时在修剪时提拉角度为70°。

修剪第六发片（二）

为了保持后部轮廓的丰满度，这个部位发片提拉角度为90°。

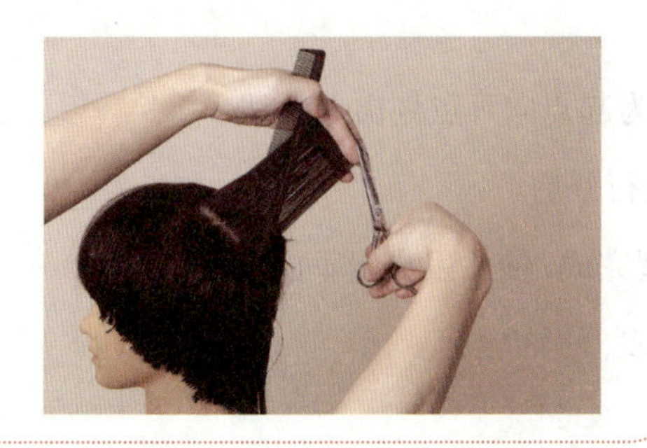

修剪第六发片（三）

继续向下移动发片，随着发片的移动，角度也逐层降低，从第一片70°渐变为0°。

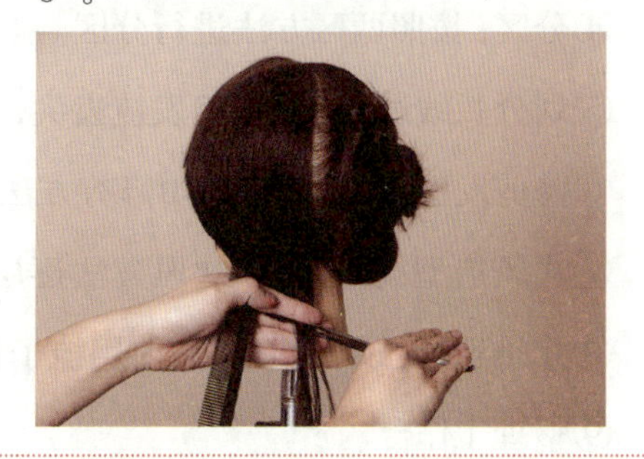

修剪第七发片

继续向后划分线条，修剪层次为80° 渐变为90°，最后渐变为0°。

修剪第八发片

沿线条继续修剪，修剪层次为85° 渐变为90°，而后发片角度提拉为120° 渐变到130°，最后渐变为0°。

修饰造型

按照内扣吹风方法逐层将造型完成，最后修饰轮廓。

（三）操作流程

①与顾客沟通：根据顾客要求制定发型。

②洗发：发型师帮助顾客穿好客袍后，带领顾客到洗头盆前坐好，用毛巾从顾客后颈部位置向前围好，在根据顾客的发质选用适合的洗护产品，清洗头发及头皮。

③工具准备：将修剪工具准备齐全。

④分区：按照两区方法进行分区。

⑤划分弧线线条：使用剪发梳齿尖，以中线为起点向耳点划出一弧线。

⑥修剪发型：按照圆形BOB修剪方法逐层进行修剪。

⑦吹风造型：按照内扣吹风方法逐层将造型完成，使头发自然垂向地面。

⑧修饰造型：头发吹干后，使用梳子梳顺头发，修饰轮廓。

⑨整理工作台。

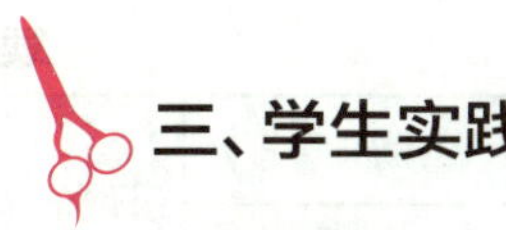

三、学生实践

(一) 布置任务

在实训室两人一组，一位学生做顾客，一位学生为发型师为顾客修剪头发。先思考以下几个问题。

①为何要把安全放在首位，如何为顾客做好准备？

②修剪工作程序是什么？

③应该如何保护顾客？

④应该如何保护自己？

⑤应该从什么地方开始操作？

⑥是否记住了操作程序？

(二) 工作评价（见表1–6–2）

表1–6–2

评价内容	评价标准			评价等级
	A（优秀）	B（良好）	C（及格）	
准备工作	工作区域干净、整齐，工具齐全、码放整齐，仪器设备安装正确，个人卫生、仪表符合工作要求	工作区域干净、整齐，工具齐全、码放比较整齐，仪器设备安装正确，个人卫生、仪表符合工作要求	工作区域比较干净、整齐，工具不齐全、码放不够整齐，仪器设备安装正确，个人卫生、仪表符合工作要求	A B C
操作步骤	能够独立对照操作标准，使用准确的技法，按照规范的操作步骤完成实际操作	能够在同伴的协助下，对照操作标准，使用比较准确的技法，按照比较规范的操作步骤完成实际操作	能够在老师的指导帮助下，对照操作标准，使用比较准确的技法，按照比较规范的操作步骤完成实际操作	A B C
操作时间	在规定时间内完成任务	在规定时间内，在同伴的协助下完成任务	在规定时间内，在老师帮助下完成任务	A B C
操作标准	分区准确	分区准确	分区不准确	A B C

续表

评价内容	评价标准			评价等级
	A(优秀)	B(良好)	C(及格)	
操作标准	发丝梳理非常通顺	发丝梳理通顺	发丝梳理比较通顺	A B C
	修剪成BOB圆形低层次效果非常均匀	修剪成BOB圆形低层次效果均匀	修剪成BOB圆形低层次效果不均匀	A B C
	两侧头发内扣效果一致	两侧头发内扣效果不一致	两侧头发形不成内扣效果	A B C
	吹风后发丝非常光泽	吹风后发丝光泽	吹风后发丝比较光泽	A B C
整理工作	工作区域整洁、无死角,工具仪器消毒到位,收放整齐	工作区域整洁,工具仪器消毒到位,收放整齐	工作区域较凌乱,工具仪器消毒到位,收放不够整齐	A B C
学生反思				

四、知识链接——定型产品的作用

①发胶:发胶能保持造型,且多含有增亮成分。喷发胶时应距头发30cm,太近易使头发凝结在一起。

②啫喱:具有强的定型效果和增亮效果,可用来控制小发卷、清除静电和勾画发际线,使脑后的头发保持平滑。

③润发油和发乳:作用同上,但较之柔和些。保湿剂和活化剂及乳清:前者用来给头发湿润,活化剂可使烫发、卷发保持卷曲度,乳清适合于干性头发。

④保湿剂和活化剂及乳清:保湿剂用来给头发润湿,活化剂可使烫发、卷发保持卷曲度乳清适合于干性头发。

项目七 三角形BOB修剪造型

项目描述

三角形BOB修剪造型较前两种造型在分区上更加准确，因此层次也更加细腻，后部轮廓更有立体感，发型效果垂坠而光滑（见图1–7–1）。由于每个技术和每个形状所搭配出来的效果不同，所涉及的技术要点也有所不同，在修剪BOB造型时，必须配合个人脸形和头形来剪，才能达到满意的效果。

图1–7–1

工作目标

①按照顾客要求设计三角形BOB造型方案。

②按照规范的分区方法进行分区操作。

③按照规范的三角形BOB修剪程序准确的提拉发片角度。

④以引导发片为标准完成三角形BOB造型修剪。

一、知识准备

1. 剪发工作中顾客的定位

顾客在镜子前的入座位置非常重要。头部与坐姿的角度不对，都会影响剪发的线条与均衡感。

①安排好顾客就座，使顾客感觉到舒适。

②帮助顾客的身体取得平衡，并使其能坐在镜面前方。

③可使顾客以背部平贴椅子的方式坐直，取得较好的姿势。

2. 美发师的位置

①由于剪发涉及手臂及手部的动作，因此必须将双手摆放在正确位置，避免出现错误的操作姿势。

②顾客的位置及距离地面的高度，会直接影响美发师的姿势。要调整好座椅的高度，避免弯腰进行剪发操作。

③必须移开任何妨碍工作的工具车或器材，使自己在工作时没有阻碍。

3. 避免细菌的传播

①每位美发师应有两套用具，一套在使用，另一套消毒备用，以为下一位顾客服务。

②提供给顾客的毛巾和围布要干净，毛巾用毕要清洗并晾干，不能只是晾干而不洗。

③头发碴要及时打扫干净并放置在有盖的容器中，使用过的棉条、烫发纸、空的产品容器也应及时清理。

④用热水和洗涤剂清洗擦拭工作台，工作台面的材料应该便于擦拭。

⑤有传染病的客人不能在沙龙中对他们进行服务，应婉转地说明让他们去医院治疗。如果已开始服务才发现问题，应立刻停止服务，与客人接触过的工具和设备应立刻消毒。

⑥使用锋利的工具时，一定要小心，不要伤到皮肤，以防艾滋病。

二、工作过程

(一) 工作标准(见表1-7-1)

表1-7-1

内 容	标 准
准备工作	工作区域干净、整齐，工具齐全、码放整齐，仪器设备安装正确，个人卫生、仪表符合工作要求
操作步骤	能够独立对照操作标准，使用准确的技法，按照规范的操作步骤完成实际操作
操作时间	在规定时间内完成任务
操作标准	分区准确
	发丝梳理通顺
	手指、剪刀、梳子成三角形轮廓
	修剪成BOB三角形低层次效果
	吹风时速度均匀
	两侧头发内扣效果一致
整理工作	工作区域整洁、无死角，工具仪器消毒到位，收放整齐

(二) 关键技能

分区

用剪发梳齿尖从前发际线中间向后颈部中间划分一线，分出左右两区。

三角形 BOB 修剪

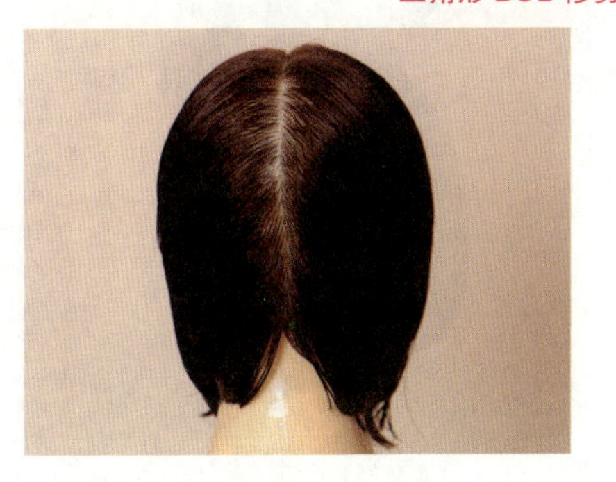

划分前斜线线条

将分好的左区头发垂直梳顺，使用剪发梳齿尖从左区底部中线开始，以前斜线划分方法，向下划分三角形发片。

定引导线

将发片梳顺，使每根头发垂向地面，按照设计的长度修剪引导线。

注意：以0° 修剪引导线。

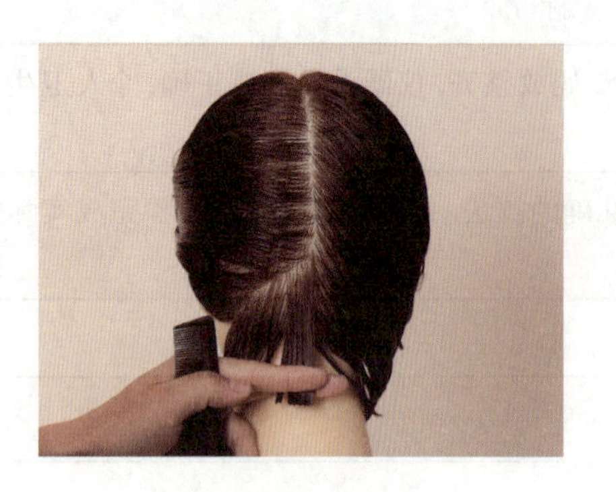

修剪左区枕骨以下

从左区中线竖向划分一线，同引导线一起以45° 角提拉起发片，以引导线为标准进行修剪。

注意：在修剪时手指和剪切线始终与线条平行。

修剪左区枕骨以上

修剪枕骨以上的头发以修剪枕骨以下头发为标准进行，逐层修剪至整个区域。

注意：枕骨以上发片提拉角度应小于45° 。

修剪右区引导线

划分前斜线线条，以左区中部一点为引导线定右边头发的长度。

修剪右区头发

划分前斜线线条，以引导线为标准逐层修剪，完成右侧区域。

检查层次

将头发梳顺，用吹风机将头发吹至八成干，检查头发层次。

修饰发型

观察头发层次是否均匀、底部线条是否整齐，如果修剪没有到位，用剪尖进行修饰。

修饰造型

将头发造型并整理。

1

2

（三）操作流程

①与顾客沟通：根据顾客要求制定发型。

②洗发：发型师帮助顾客穿好客袍后，带领顾客到洗头盆前坐好，用毛巾从顾客后颈部位置向前围好，再根据顾客的发质选用适合的洗护产品，清洗头发及头皮。

③工具准备：准备修剪工具。

④分区：按照两区划分方法进行分区。

⑤划分线条：拿掉左区固定头发的夹子，将头发梳顺，以中线为起点，以前斜线向下划分一线。

⑥修剪发型：按照三角形BOB修剪方法先修剪左区,以左区的引导线为标准修剪

右区。

⑦吹风造型：按照内扣吹风方法逐层将造型完成，所有发丝自然下垂。

⑧整理造型：头发吹干后，使用梳子梳顺头发再修剪轮廓。

⑨整理工作台。

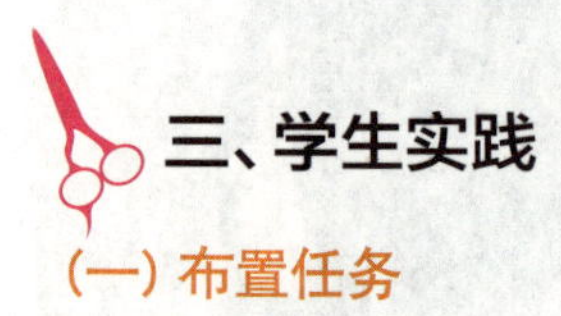

三、学生实践

（一）布置任务

任务1：在教室利用40分钟以小组为单位讨论下面几个问题，并将讨论结果记录下来。

① 你理解的BOB造型是什么样的？

② 生活中你看到过这种发型吗？这种发型的特点是什么？

③ 你觉得什么脸形适合这种发型？

④ 这个发型的修剪步骤有哪些？

任务2：在实训室利用三节课时间，使用教习假发完成三角形BOB修剪造型。先思考以下几个问题。

① 如何分区？

② 从哪里开始修剪？

③ 修剪的效果是什么样的？

（二）工作评价（见表1–7–3）

表1–7–3

评价内容	评价标准			评价等级
	A（优秀）	B（良好）	C（及格）	
准备工作	工作区域干净、整齐，工具齐全、码放整齐，仪器设备安装正确，个人卫生、仪表符合工作要求	工作区域干净、整齐，工具齐全、码放比较整齐，仪器设备安装正确，个人卫生、仪表符合工作要求	工作区域比较干净、整齐，工具不齐全、码放不够整齐，仪器设备安装正确，个人卫生、仪表符合工作要求	A B C

续表

评价内容	评价标准			评价等级
	A（优秀）	B（良好）	C（及格）	
操作步骤	能够独立对照操作标准，使用准确的技法，按照规范的操作步骤完成实际操作	能够在同伴的协助下，对照操作标准，使用比较准确的技法，按照比较规范的操作步骤完成实际操作	能够在老师的指导帮助下，对照操作标准，使用比较准确的技法，按照比较规范的操作步骤完成实际操作	A B C
操作时间	在规定时间内完成任务	在规定时间内，在同伴的协助下完成任务	在规定时间内，在老师帮助下完成任务	A B C
操作标准	分区精准	分区准确	分区不准确	A B C
	发丝梳理非常通顺	发丝梳理通顺	发丝梳理比较通顺	A B C
	修剪效果准确形成BOB三角形低层次造型非常均匀	修剪效果形成BOB三角形低层次造型均匀	修剪效果形成BOB三角形低层次造型不均匀	A B C
	两侧头发内扣效果一致	两侧头发内扣效果不一致	两侧头发不成内扣效果	A B C
	吹风后发丝非常光泽	吹风后发丝光泽	吹风后发丝比较光泽	A B C
整理工作	工作区域整洁、无死角，工具仪器消毒到位，收放整齐	工作区域整洁，工具仪器消毒到位，收放整齐	工作区域较凌乱，工具仪器消毒到位，收放不整齐	A B C
学生反思				

四、知识链接——水氧对头发的影响

就像其他美发技巧一样，恤发只能使头发产生暂时性的改变，一旦头发吸收或接触到湿气，固定或梳理好的发型效果就会消失。在极湿的情况下会形成水氧及雾，为避免发型被破坏，市场上有许多能减缓发型变形的产品，可使造型更持久。

用不同的技巧可达到不同的效果。

①增加厚度：用卷筒或其他卷发方式，把头发以90° 角卷起，可增加发型的高度、宽度及饱满度。

②缩减厚度：使用针卷法来改变发根的走向，或以小于90° 角卷发，可塑造出服帖、平顺或扁平的发型。

③波纹：使用不同大小的卷筒采用针卷法或指推波纹的技巧，来塑造头发波浪形及弯曲的线条。

一、个案分析

案例：张小姐的头发又长又少，发梢有一点受损，她想让自己的头发有重量感并希望能够整齐，易于打理。美发师为张小姐修剪了一款直线零度造型，修剪完毕后张小姐发现发型的底部轮廓线并不直，并且两侧轮廓线还有个缺口，这是什么原因呢？

讨论：根据张小姐发生的情况以小组为单位进行讨论，讨论时围绕着以下几个问题。

① 张小姐修剪的是什么发型？

② 直线零度发型的特点是什么？

③ 张小姐的造型效果为何没有达到发型要求？什么原因？

④ 你在修剪中应该注意什么？

二、专题活动

到企业实习一周，在实习过程中要注意观察三款造型，并将观察到的不同造型的特点及效果写下来。在实习前先对以下几个问题进行思考。

①你需要在这次实习中从哪几方面提升？

②你需要了解哪三款造型？

③每款造型的特点是什么？

④在课堂学习修剪时，你经常出现的问题在哪里？

单元二 去除层次

内容介绍

去除层次是将头发角度提拉为90°或90°以上，可起到为整体发型减轻重量的作用，使发型更有动感和时尚感。去除层次能带来更多的造型搭配设计，也能更快地提高学习者的技术水平。

单元目标

①能够鉴别影响发型的各种因素。

②能进行整体外观的设计。

③利用剪发技巧塑造各种发型。

④判断影响美发效果的因素。

⑤利用吹风技巧塑造各种发型。

⑥在做头发造型或梳理头发时，能处理不同长短的头发，掌握使头发固定形成不同造型的方法。

⑦培养探索创新、精益求精、专注负责的工匠精神。

项目一 边缘层次修剪造型

项目描述

边缘层次修剪造型是指在发型边缘部位做出层次，此发型层次落差小，内部层次较少，所有头发自然垂落在底部，发长为上短下长，对修饰脸形能起到很好的效果。如图2–1–1所示。

图2–1–1

工作目标

①能够按照正确的分区方法进行分区操作。

②能够按照技术标准完成边缘层次的修剪。

③能够根据自己的实操过程，总结边缘层次修剪的主要程序和技能要点。

一、知识准备

1. 边缘层次造型适合的人群

适合正常发质和各种脸形的人。

2. 剪发的几种形式

干剪——替顾客披上干净的剪发围巾，椅背务必锁紧，并绑紧围巾上的所有锁扣，以免发碴掉在顾客的衣服上。将剪发肩垫铺在顾客的肩膀上，确保顾客衣服上的任何凹凸，不会产生可能影响剪发的误差线条，肩垫的边缘需紧贴在顾客的头部，以免掉落的头发碴产生刺激。

干剪的优点：

①因为干发的弹性比湿发的弹性小，所以可以看到头发的真正长度。

②能清晰地看到头发的分叉，有利于修正。

③利于使用电推子。

④比较经济实惠。

湿剪——按干剪程序替顾客披上剪发围巾，引导顾客坐在洗头盆前，将干洗毛巾围在顾客的肩膀上，让顾客慢慢舒适地躺下。确保洗头盆的枕位能托住顾客的头部，而且顾客的肩膀亦能舒适地倚靠在洗头盆的凸点上（毛巾能避免水花溅湿顾客的肩膀）。

湿剪的优点：

①头发干净，不缠结。

②可清楚地看到头发自然下垂。

③可剪得更精确细致。

④可使用更多的剪发技巧。

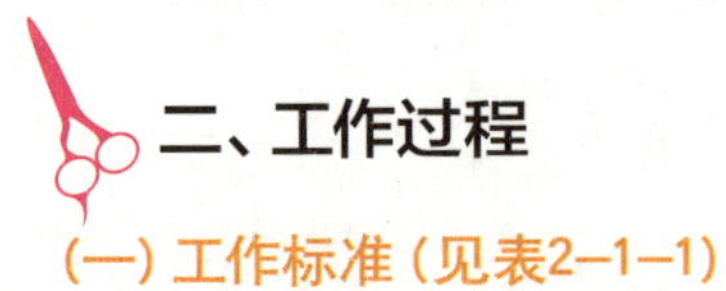

二、工作过程

（一）工作标准（见表2-1-1）

表2-1-1

内容	标准
准备工作	工作区域干净、整齐，工具齐全、码放整齐，仪器设备安装正确，个人卫生、仪表符合工作要求
操作步骤	能够独立对照操作标准，使用准确的技法，按照规范的操作步骤完成实际操作
操作时间	在规定时间内完成任务
操作标准	分区准确
	发丝梳理通顺
	修剪成边缘层次的修剪效果
	吹风速度均匀
	两侧头发内扣效果一致
整理工作	工作区域整洁、无死角，工具仪器消毒到位，收放整齐

（二）关键技能

1. 两区的划分方法

划分左区

使用剪发梳齿尖，以前额部中心点为起点直线向后颈点划一线，用夹子将左侧头发固定。

注意：分区要均匀，大小一致。

1

2

划分右区

夹好左区后，右区自然呈现，用夹子将剩下的头发固定。

2. 边缘层次修剪方法

分区

按照两区划分方法进行分区。分区后，分别用夹子将各区域的头发夹住。

注意：分区时线条划分得要清晰。

边缘层次修剪

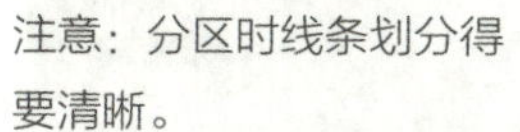

划分后斜线线条

将分好的第一区头发垂直梳顺，使用剪发梳齿尖，用后斜线划分方法，从前额中线斜向后至耳点划分一线。

定引导线（一）

从前额中间拉出一片头发，按照设计要求定头发的长度。

注意：发片提拉角度为45°。剪刀口与发片角度为45°。

修剪引导线（二）

沿发际线向下移动，以第一发片为标准，向前拉出发片进行修剪。

继续向下移动发片，以第二发片为标准，沿着面颊拉出发片进行修剪。

1

2

修剪左区

用剪发梳齿尖以后斜线划分方法，继续向后取出一发片。以引导线的长度为标准，将发片向前拉直进行修剪，其余的头发按照此标准逐层进行修剪。

1

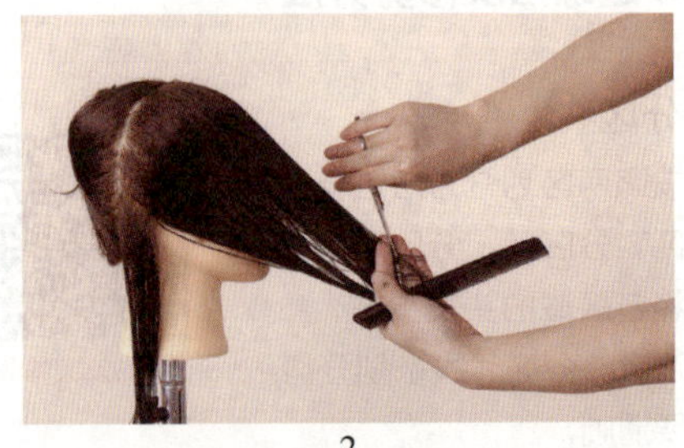

2

修剪右区引导线

以左侧中间发片为标准定右侧引导线。

修剪右区

修剪方法与修剪左区相同。

注意：后面的头发长度不能提拉到面前修剪时，停止修剪。

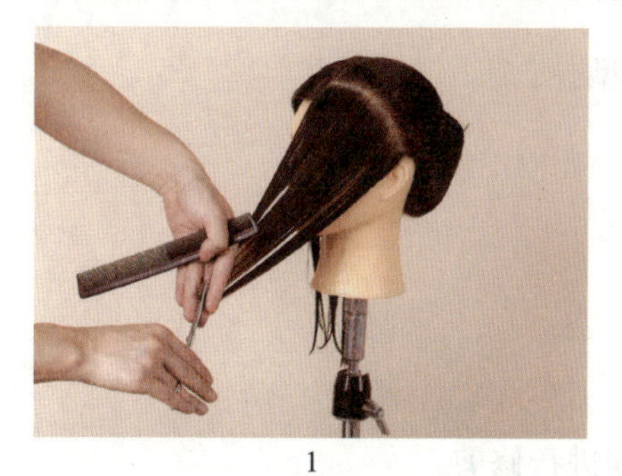

1

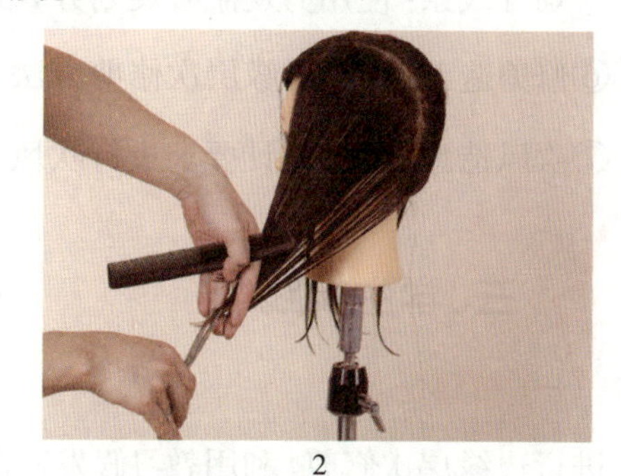

2

检查层次

从左右额角部位分别拉出一缕头发拉向鼻部正中，测量两边的头发是否等长。

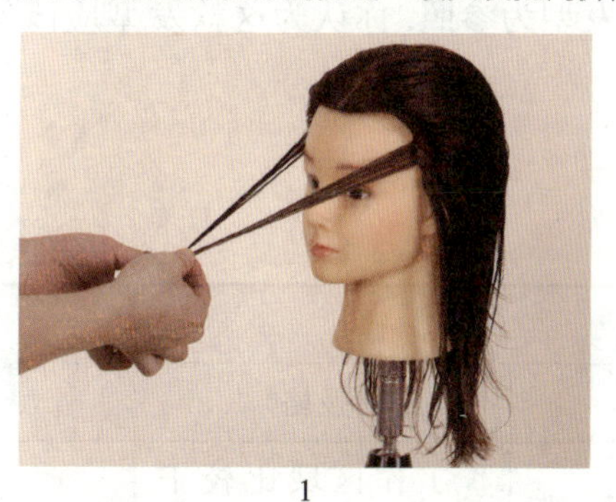

1

2

修饰造型

用内扣吹风方法将头发吹平，用剪刀做最后的造型修饰。

（三）操作流程

①与顾客沟通：根据顾客要求制定发型。

②洗发：根据不同发质选用适合客人发质的洗护产品清洗头发及头皮。

③工具准备：准备修剪工具。

④分区：按照两区方法进行分区。

⑤划分线条：使用剪发梳齿尖划分V线线条。

⑥修剪造型：按照边缘层次修剪方法修剪造型。

⑦吹风造型：根据设计要求进行吹风造型。

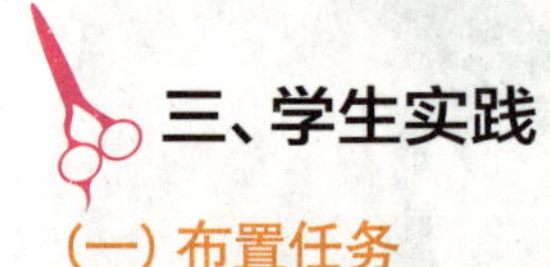

三、学生实践

（一）布置任务

进行边缘层次修剪。利用教习假发，按照步骤进行修剪。

要求：分区准确；要充分利用引导线完成修剪；角度要准确。

思考问题：

根据边缘层次造型的特点，以实际生活中的发型为参照，你认为这款发型应该是什么形状？

（二）工作评价（见表2-1-2）

表2-1-2

评价内容	评价标准			评价等级
	A（优秀）	B（良好）	C（及格）	
准备工作	工作区域干净、整齐，工具齐全、码放整齐，仪器设备安装正确，个人卫生、仪表符合工作要求	工作区域干净、整齐，工具齐全、码放比较整齐，仪器设备安装正确，个人卫生、仪表符合工作要求	工作区域比较干净、整齐，工具不齐全、码放不够整齐，仪器设备安装正确，个人卫生、仪表符合工作要求	A B C
操作步骤	能够独立对照操作标准，使用准确的技法，按照规范的操作步骤完成实际操作	能够在同伴的协助下，对照操作标准，使用比较准确的技法，按照比较规范的操作步骤完成实际操作	能够在老师的指导帮助下，对照操作标准，使用比较准确的技法，按照比较规范的操作步骤完成实际操作	A B C
操作时间	在规定时间内完成任务	在规定时间内，在同伴的协助下完成任务	在规定时间内，在老师帮助下完成任务	A B C

续表

评价内容	评价标准			评价等级
	A（优秀）	B（良好）	C（及格）	
操作标准	分区精准	分区准确	分区不准确	A B C
	发丝梳理非常通顺	发丝梳理通顺	发丝梳理比较通顺	A B C
	两侧头发内扣效果一致	两侧头发内扣效果不一致	两侧头发形不成内扣效果	A B C
	修剪成边缘层次效果	修剪边缘层次不均匀	修剪不成边缘层次效果	A B C
	吹风后发丝非常有光泽	吹风后发丝有光泽	吹风后发丝比较有光泽	A B C
整理工作	工作区域整洁、无死角，工具仪器消毒到位，收放整齐	工作区域整洁，工具仪器消毒到位，收放整齐	工作区域较凌乱，工具仪器消毒到位，收放不整齐	A B C
学生反思				

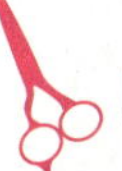

四、知识链接——发型与脸形的关系

脸形是决定发型的最重要的因素之一，而发型由于其可变性又可以修饰脸形。人的脸形一般可分为7种，其中鸭蛋形脸属标准型，可以做任何发型。设计发型时，只有对发型设计的原则有深刻的认识，针对脸形处理发式，进行平衡和调和，才能弥补脸形的不足，达到满意的效果。正确处理发型的方法为：

①圆形脸：将头顶部分头发蓬松起来，用头发遮盖部分脸颊，即可减小脸的圆度。

②方形脸：类似于圆形脸，其发型应能遮住额头，并将头发梳向两边，造成脸部窄而柔顺的效果。

③梨形脸：保持头发高耸，留出一部分发帘遮住额头，头发以半卷或微波状盖住下线，造成宽额头的效果。

④长形脸：适于留发帘并在两边结合，即可减低脸的长度。

⑤钻石形脸：维持头发贴近颧骨线，增加上额和下巴的丰满度，可制造出鸭蛋形脸的效果。

⑥心形脸：将中央部分刘海向上卷起或倾斜地梳向一边，给下级线增加一些宽度。

⑦脖子短粗：在额头使用倾斜刘海，发顶梳高，造成拉长的效果，两边头发梳成波浪显得修长，平滑贴头的颈线能造成背视及侧视修长的效果。

⑧长脖子：用柔和的发波和卷花盖住脖子，头发应留到颈部，避免发型高过颈背。

⑨脸不对称：可以选择适当的发型掩饰其缺点，采用柔和的能盖脸型缺陷的发型，形成脸部两边对称的视觉效果，更好地修饰脸型。

项目二 水平层次修剪造型

项目描述

水平层次修剪造型的特点是层次的落差比较大，在剪发方法上有许多种，最基本的修剪方法是将所有的头发向上拉，使发尾在头顶上形成一条水平线，这是一款能够创造出竖线条感觉的发型，有良好的通透感，能够使顶部蓬松，并可以调整顾客的头形和脸形，如图2–2–1所示，此发型适合发量比较多的人。

图2–2–1

工作目标

①能够根据顾客要求、选择水平层次修剪方案的技巧和方法。

②能够按照规范的分区程序进行放射线条操作。

③能够按照规范的水平层次修剪程序，准确地把握提拉发片的角度及位置。

④能够掌握转角线内外的修剪技术及方法。

⑤能够运用观察方法完成剪发效果的检查。

一、知识准备

1. 水平层次修剪造型适合的人群

适合发质粗硬、发量多的人。

2. 为顾客设计发型时应该考虑的步骤

先要了解顾客在个人形象方面的需要，然后观察客人的体形、头形以及面部特征，再考虑顾客头发的生长方向、纹理结构、密度、颜色和现有头发的形状。

(1) 沟通交流

在做发型的时候首先需要对客人有一定的了解。应该多问问题，问的问题越多了解就越多。可以问顾客的生活方式，例如：她的职业是家庭主妇还是职业女性，平时在头发上花的时间有多少，喜欢什么样的活动；然后再了解顾客对发型的看法，例如：喜欢什么长度、颜色和形状纹理的发型。目的是在剪发之前摸清顾客想要修剪什么样的发型以及平时在这方面花费的钱和时间有多少。

(2) 用想象设计发型

当研究完了顾客的形象特征，以及了解了其想法后，经过仔细考虑，可以通过想象和分析来选择一款符合顾客要求的发型。

(3) 制定造型计划

设计时要考虑这样几个问题：使用什么样的剪发技巧，是否需要做颜色，如果需要做颜色做在什么位置，如果设计时有附加纹理结构放在什么位置合适。

(4) 说明你的设计

做完了顾客对发型要求的了解，做好了设计的计划，这时就要向客人说明你的想法，同时摸清顾客是否完全接受你的设计，如果客人对你的设计没有表示同意，那我们需要继续沟通，如果同意那我们就可以开始操作了。

(5) 做完发型后的服务

做完发型之后，需要留下客人的档案。两三天后给客人打电话做回访，有问题及时解决。

二、工作过程

(一) 工作标准 (见表2-2-1)

表2-2-1

内 容	标 准
准备工作	工作区域干净、整齐，工具齐全、码放整齐，仪器设备安装正确，个人卫生、仪表符合工作要求
操作步骤	能够独立对照操作标准，使用准确的技法，按照规范的操作步骤完成实际操作
操作时间	在规定时间内完成任务
操作标准	分区准确
	发丝梳理通顺
	手指、剪刀、梳子与地面平行
	修剪成水平层次效果
	发束均匀缠绕在电棒上
	发丝要有光泽
整理工作	工作区域整洁、无死角，工具仪器消毒到位，收放整齐

(二) 关键技能

1. 水平夹发剪法

梳顺头发

取下固定左后区发髻的夹子，将该区头发打湿，用梳子向下梳顺头发。

挑出发片

使用剪发梳齿尖，以竖线线条划分方法从头顶取出一发片，用左手手指夹住发片。

注意：发片要下垂；手指水平夹住发片；顶点提拉发片为90°，发片前后不要移动。

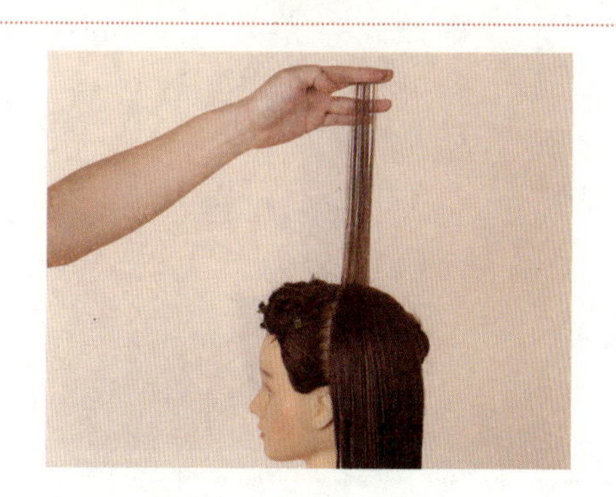

修剪

用左手手指提拉发片，按照平剪的方法进行修剪

注意：因头顶区域是弧形，在水平修剪时，要注意剪切线平行于地面。

2. 水平层次剪发

分区

按照四区划分方法进行分区。

水平层次修剪

划分竖向线条

用剪发梳齿尖，从黄金点至额部中心点，以竖线划分方法取出第一发片。

定引导线

根据发型设计，将取出的发片用水平夹发修剪方法修剪成引导线长度。

修剪左前区（一）

从顶部中心点向前划分一条放射线，将分出的发片垂直拉出，以引导线为标准，用水平夹发修剪方法进行修剪。

注意：第二发片移到第一发片位置进行修剪，以此类推。

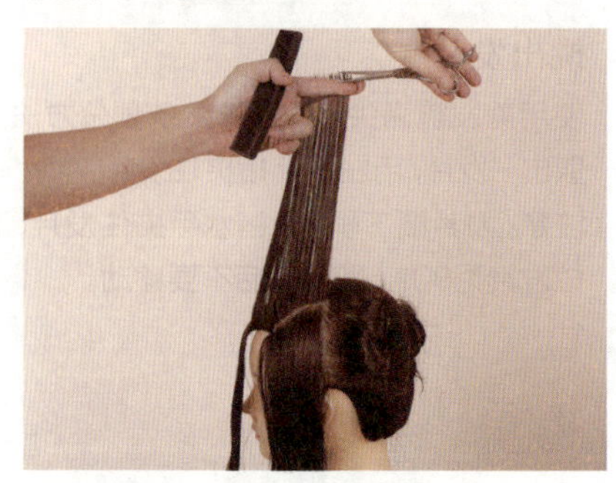

修剪左前区（二）

修剪每片头发都要从顶部开始划分放射线条，而后将头发拉向头顶，以头顶的头发长度为标准进行修剪，直至完成左前区修剪。

1

2

修剪左后区

以顶部长度为标准向左下方划分放射线条，将发片拉到顶部，以水平修剪方法进行修剪，下边的发片按照相同的方法修剪，直至完成左后侧区域。

修剪右后区

同样以顶部中心点的头发长度为标准将发片拉向顶部，以水平修剪方法进行右后区的修剪。

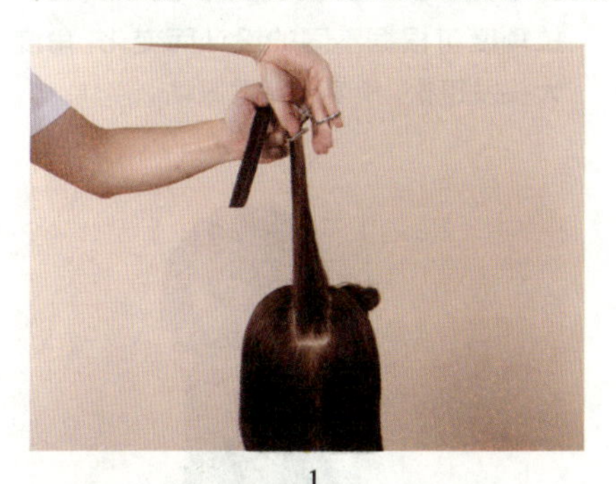
1

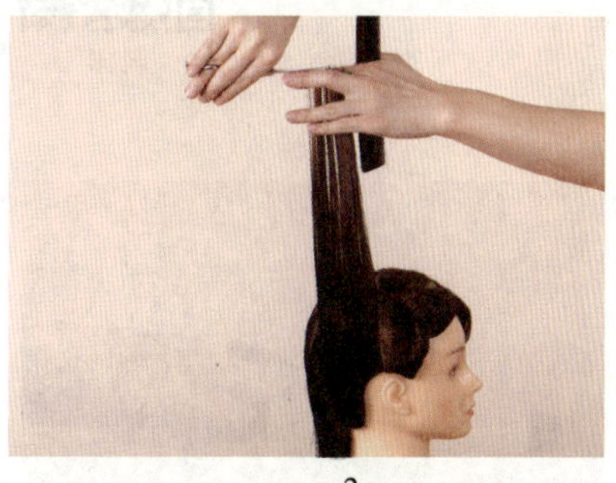
2

修剪右前区

以右后区引导线为标准以水平修剪方法完成右前区的修剪。

1

2

2

检查层次

使用剪发梳，将头顶正中线附近的头发向上梳理，把所有头发提拉到顶部，头发应呈现一条水平线。

注意：发丝要垂向地面。

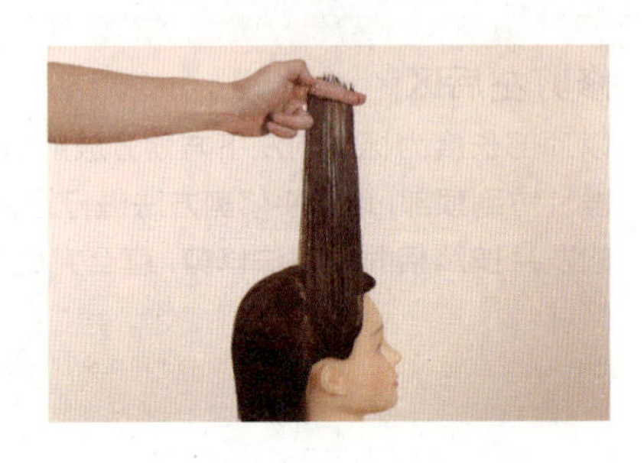

3. 电棒造型方法

手握电棒

右手握住电棒把手。

电棒

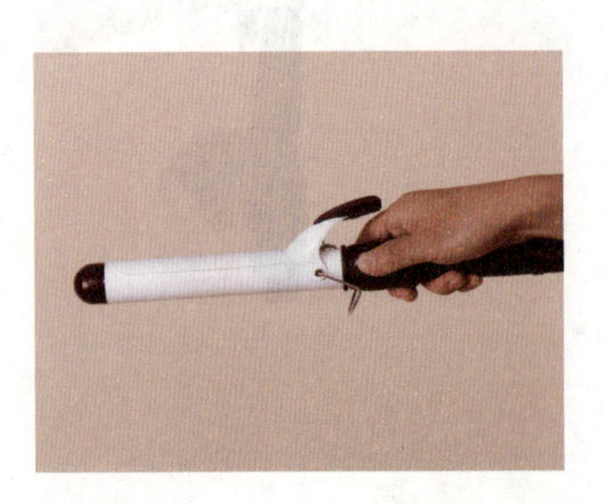

挑出发片

使用手指以划平直线方法挑出一发片。

注意：发片厚度、宽度要均匀。发片的提拉角度可根据不同的设计而变化，角度大头发蓬松，角度小头发服帖。

电棒造型

用左手提拉一发束，将发束向下缠绕在电棒上，然后利用卷发器把头发向上卷，电棒卷发的高度根据造型设计而定。

注意：若要塑造更大更柔和的卷度，就挑取较大范围的发束；发丝要有光泽度；发卷的走向，从头颈部中心点向两侧方向，注意提拉角度要一致。

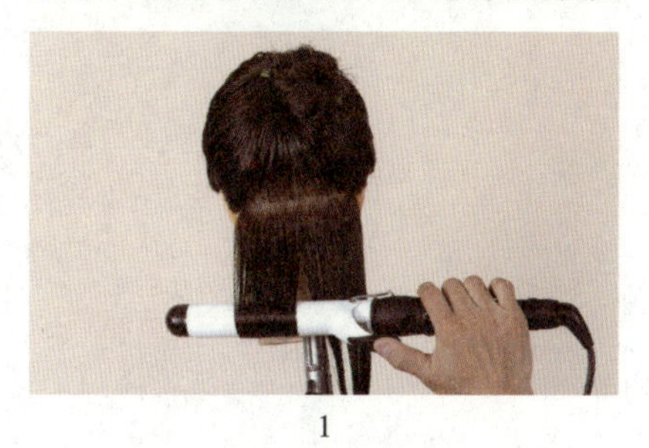

1

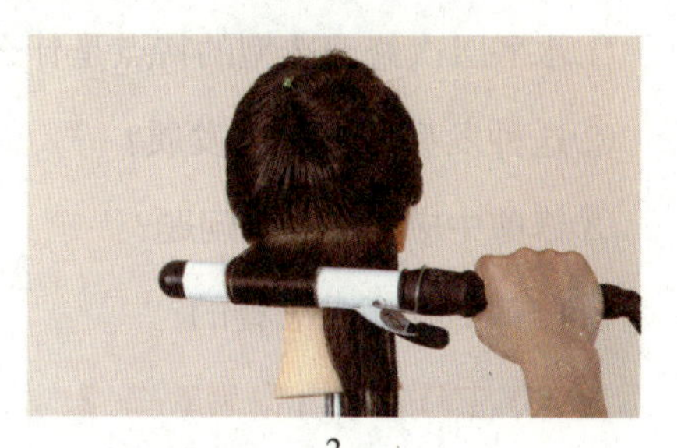

2

修饰造型

利用电棒将头发打理成型。

1

2

（三）操作流程

①与顾客沟通：根据顾客要求制定发型。

②洗发：根据不同发质选用适合客人发质的洗护产品，清洗头发及头皮。

③工具准备：准备修剪工具。

④分区：按照四区划分方法进行分区。

⑤划分线条：使用剪发梳齿尖划分放射线条。

⑥修剪造型：按照水平层次修剪方法进行修剪。

⑦卷发吹风造型：按照卷发吹风方法逐层将造型完成。

三、学生实践

(一) 布置任务

在实习室利用假模特做水平层次的修剪造型，时间三课时。思考以下问题。

①水平层次修剪造型的特点是什么？

②这种发型适合何种发质？

③修剪中应注意什么问题？

④修剪的程序是怎样的？

(二) 工作评价（见表2-2-2）

表2-2-2

评价内容	评价标准			评价等级
	A(优秀)	B(良好)	C(及格)	
准备工作	工作区域干净、整齐，工具齐全、码放整齐，仪器设备安装正确，个人卫生、仪表符合工作要求	工作区域干净、整齐，工具齐全、码放比较整齐，仪器设备安装正确，个人卫生、仪表符合工作要求	工作区域比较干净、整齐，工具不齐全、码放不够整齐，仪器设备安装正确，个人卫生、仪表符合工作要求	A B C
操作步骤	能够独立对照操作标准，使用准确的技法，按照规范的操作步骤完成实际操作	能够在同伴的协助下，对照操作标准，使用比较准确的技法，按照比较规范的操作步骤完成实际操作	能够在老师的指导帮助下，对照操作标准，使用比较准确的技法，按照比较规范的操作步骤完成实际操作	A B C
操作时间	在规定时间内完成任务	在规定时间内，在同伴的协助下完成任务	在规定时间内，在老师帮助下完成任务	A B C
操作标准	分区精准	分区准确	分区不准确	A B C
	发丝梳理非常通顺	发丝梳理通顺	发丝梳理比较通顺	A B C
	修剪层次非常均匀	修剪层次均匀	修剪层次比较均匀	A B C
	电棒造型时，发束缠绕非常均匀	电棒造型时，发束缠绕均匀	电棒造型时，发束缠绕比较均匀	A B C
	电棒造型后，发丝非常有光泽	电棒造型后，发丝有光泽	电棒造型后，发丝比较有光泽	A B C

续表

评价内容	评价标准			评价等级
	A(优秀)	B(良好)	C(及格)	
整理工作	工作区域整洁、无死角,工具仪器消毒到位,收放整齐	工作区域整洁,工具仪器消毒到位,收放整齐	工作区域较凌乱,工具仪器消毒到位,收放不整齐	A B C
学生反思				

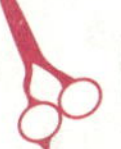

四、知识链接——发型组合的基本要点

任何发式造型都是利用点线面等基本要素的有机结合而完成的。修剪技术的发展变化主要体现在发型的点线面的关系上,主要是通过修剪的角度及层次的变化,利用不同的剪发技巧制造出不同的形状来表现出点线面的关系,使发型更加生动,具有活力。最终达到发型设计的目标。

在发型制作中,修剪是基础,是实现发型设计效果的重要步骤。修剪技术是根据发式造型设计的要求而变化的。目前国际上修剪技法不断推陈出新,从而更加完善了发型设计的艺术效果。发式造型是在不断变化的,它要根据时代潮流的变化而不断变化,但不管发型潮流如何变化,只要掌握好造型中点线面的基本造型概念,并能灵活运用、巧妙结合,就能达到修剪技术的完美境界。

项目三 反头形曲线修剪造型

项目描述

反头形曲线是与自然头形走向为相反的曲线。自然头形头发的长度为上长下短，而反头形曲线则是上短下长，也就是头部顶点的最短，两侧的则逐渐加长，头发落下的状态也是由短变长。发型效果可以减少发量，同时可以保留两侧的长度，使整个发型轮廓形成一条斜线，如图2–3–1所示。

图2–3–1

工作目标

①能够按照反头形曲线的分区方法进行操作。

②能够独立完成反头形曲线修剪造型。

③能够叙述反头形曲线修剪的操作程序。

④能够根据自己的实操过程，总结反头形曲线的关键步骤和技能要点。

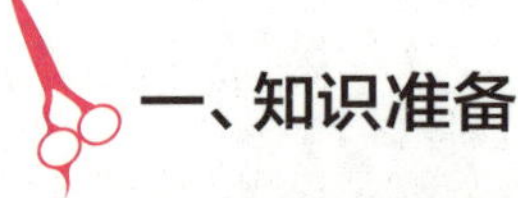

一、知识准备

1. 反头形曲线修剪特点

与自然头形相反，中间短两边长；最大限度地保留长度，减轻重量。

2. 反头形曲线发型效果

头顶头发蓬松，发尾清爽，有飘逸感。

二、工作过程

（一）工作标准（见表2-3-1）

表2-3-1

内 容	标 准
准备工作	工作区域干净、整齐，工具齐全、码放整齐，仪器设备安装正确，个人卫生、仪表符合工作要求
操作步骤	能够独立对照操作标准，使用准确的技法，按照规范的操作步骤完成实际操作
操作时间	在规定时间内完成任务
操作标准	分区准确
	发丝梳理通顺
	修剪后的头发轮廓与头形成反向曲线
	吹风时，送风方向从发根至发尾
	提拉发片角度90°以下
整理工作	工作区域整洁、无死角，工具仪器消毒到位，收放整齐

（二）关键技能

1. 滑剪的使用方法

挑出发片

使用剪发梳齿尖，以竖线线条划分方法从头顶取出一发片用左手手指夹住发片，指尖向头顶部中心点倾斜。

注意：发片垂向地面；手指水平夹住发片；顶点提拉发片为90°，发片前后不要移动。

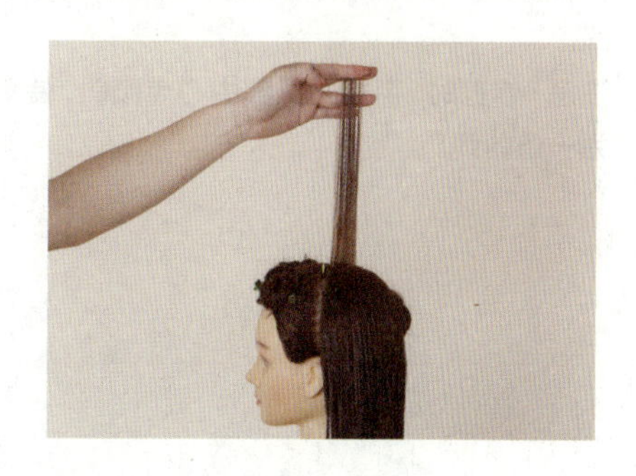

修剪

左手夹住发片并向头部顶点倾斜，然后匀速向上移动手指，右手持剪刀跟随左手移动，在移动时剪刀以张开、合拢的状态修剪头发。

注意：头发外线轮廓为弧线。

2. 反头形曲线的修剪方法

分区

按照四区划分方法进行分区。

反头型曲线修剪

划分竖向线条

用剪发梳齿尖从黄金点至前额中心点，以竖线划分方法取出第一发片。

定引导线

拉起发片，使发片与头皮的夹角为90°，根据发型设计要求，将取出的发片用平剪方法修剪定引导线。

注意：修剪时，手指向头部中心点倾斜，使剪切线为一条斜线。

修剪左前区

修剪第二发片时，将此发片移到第一发片位置，以引导线为标准进行修剪；修剪第三发片时，移到第二发片位置进行修剪；以此类推完成左前区的修剪。

1

2

3

修剪右前区

以左前区引导线为标准进行修剪，修剪方法同左前区一样。

1

2

修剪左后区

以顶部中心点为引导线将左后区头发拉到顶部，并以左前区最靠近左后区的发片为引导线，以滑剪方法进行修剪，修剪后上长下短。

1

2

3

修剪右后区

以左后区引导线为标准，以滑剪方法进行修剪，修剪方法与左后区相同，直至完成修剪右后区的操作。

1

2

检查层次

使用剪发梳将头顶正中线附近的头发向上梳理，把所有头发提拉到顶部，头发应呈现一条反头形的弧线。

完成修剪

完成修剪后进行下一步工作。

3. 卷发吹风的方法

手握吹风机

按照直线吹风的方法握住吹风机。

吹卷

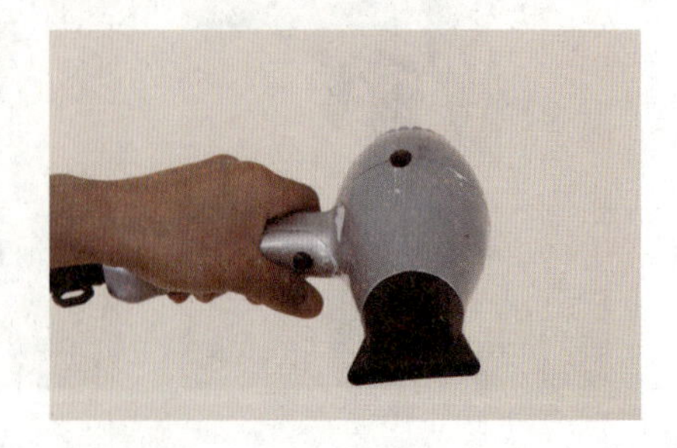

挑出发片

使用右手手指以平直线划分方法取出一发片，右手握住滚梳，并将梳子放在发片下面，同时松开发片，将吹风机风口对准发片。

注意：发片厚度为2~3cm，宽度不能超过滚梳宽度；提拉发片角度为90°以下。

1

2

吹发

使用吹风机吹卷发片，送风方向从发根至发尾，滚梳移动到发梢时，左手按住发梢，同时右手手指把滚梳向下转动，将发梢卷入滚梳至发根，然后松开发片，使头发卷曲。

注意：防止吹风机风口烫到顾客头皮。

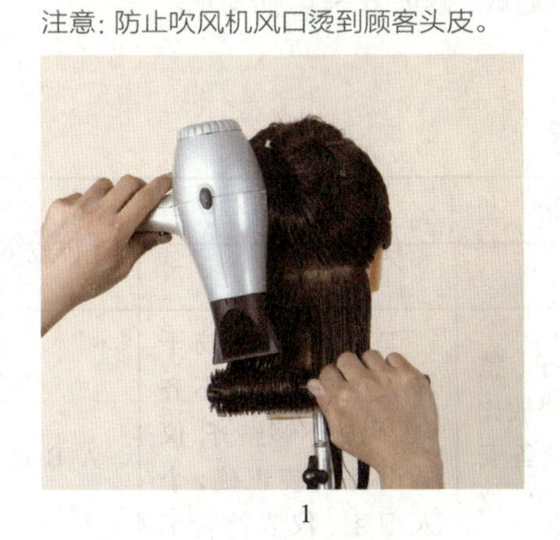
1

2

修饰效果

根据设计要求进行卷发吹风造型。

（三）操作流程

①与顾客沟通：根据顾客要求制定发型。

②洗发：根据不同发质选用适合客人发质的洗护产品，清洗头发及头皮。

③工具准备：准备修剪工具。

④分区：按照四区方法进行分区。

⑤划分竖向线条：使用剪发梳齿尖，用竖向划分方法，左前区顶部向前划分一线。

⑥修剪造型：按照反头形曲线修剪方法逐区进行修剪。

⑦卷发吹风造型：按照卷发吹风方法逐层将造型完成。

三、学生实践

（一）布置任务

在实习室使用教习假发利用四节课时间，完成反头形曲线修剪造型

要求：分区要准确；线条划分清晰；发片梳理通顺；修剪效果达到要求。

（二）工作评价（见表2–3–2）

表2–3–2

评价内容	评价标准			评价等级
	A（优秀）	B（良好）	C（及格）	
准备工作	工作区域干净、整齐，工具齐全、码放整齐，仪器设备安装正确，个人卫生、仪表符合工作要求	工作区域干净、整齐，工具齐全、码放比较整齐，仪器设备安装正确，个人卫生、仪表符合工作要求	工作区域比较干净、整齐，工具不齐全、码放不够整齐，仪器设备安装正确，个人卫生、仪表符合工作要求	A B C
操作步骤	能够独立对照操作标准，使用准确的技法，按照规范的操作步骤完成实际操作	能够在同伴的协助下，对照操作标准，使用比较准确的技法，按照比较规范的操作步骤完成实际操作	能够在老师的指导帮助下，对照操作标准，使用比较准确的技法，按照比较规范的操作步骤完成实际操作	A B C

续表

评价内容	评价标准			评价等级
	A(优秀)	B(良好)	C(及格)	
操作时间	在规定时间内完成任务	在规定时间内,在同伴的协助下完成任务	在规定时间内,在老师帮助下完成任务	A B C
操作标准	分区精准	分区准确	分区不准确	A B C
	发丝梳理非常通顺	发丝梳理通顺	发丝梳理比较通顺	A B C
	送风时方向非常标准	送风时方向标准	送风时方向比较标准	A B C
	修剪后的头发轮廓与头形曲线相等	修剪后的头发轮廓与头形成反向曲线	修剪后的头发轮廓与头形不成相反曲线	A B C
	吹风后头发非常有光泽	吹风后头发有光泽	吹风后头发比较有光泽	A B C
整理工作	工作区域整洁、无死角,工具仪器消毒到位,收放整齐	工作区域整洁,工具仪器消毒到位,收放整齐	工作区域较凌乱,工具仪器消毒到位,收放不整齐	A B C
学生反思				

四、知识链接——恤发的操作方法

①首先将头部的后发区分出中界,在左发区采用水平分份的方法分出一片头发,其余的头发用发夹固定。

②右侧采用相同的分份方法,以左侧的分份线为基准分出一片头。在这边头发中取出一片头发梳理通顺。

③用滚刷将发片卷起,一边旋转滚刷一边用吹风机吹,使刷子上的头发形成圆圈的形状。

④用手挑出第二片头发用滚刷梳理通顺,并把头发卷在上面,再用吹风机吹。要多角度送风,以使发卷受风均匀。

⑤按照同样的方法将最后一束头发吹完。头发的弯曲度要一致。

⑥吹右侧分出的发片，其余的头发用发夹固定，将头发分成几束分别吹风。卷曲度与第一片头发基本相同。

⑦按照相同的方法和步骤从下至上进行吹风。吹侧发区时要将吹风机的风口远离顾客的面部，避免烤烫。

⑧打开顶发区的头发，按照头发的生长方向将四周的头发由下至上把头发均匀地吹出卷，使整个发圈最后呈现出圆滑的放射状，这样顶部没有吹过风的头发衔接自然顺畅。

⑨吹完卷后，用手指将所有的发卷梳理成自然纹理的形态。将发卷的尾部进行倒梳处理，使发卷之间融合得更好。最后用发胶定型。

项目四 均等层次修剪造型

项目描述

均等层次修剪造型是使设计形状与头形弧线保持一致，它能使秀发表面富有变化，蓬松而有活力。如图2-4-1所示。

图2-4-1

工作目标

①能够按照技术标准完成造型，使全头头发等长。

②能够叙述均等层次修剪的操作程序。

③能够根据自己的实操过程，总结均等层次修剪的主要程序和技能要点。

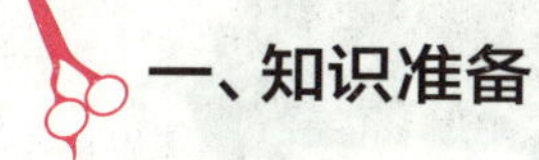

一、知识准备

1. 均等层次特点

均等层次的特点：所有头发都一样长度，其轮廓为圆形，没有明显的发重。均等层次形可在多种长度上使用，但是短发和中长发上使用的居多。

2. 均等层次作用

均等层次，顾名思义就是在头部的每一个地方的头发都以90° 的角度提拉发片进行修剪，使整个头部的头发一样长。这种层次的修剪可以塑造出不同的款式，又可设计出不同长度的发型，适合发流生长良好者，发量多者更佳，有稳重、端庄、成熟之感，梳理方便。

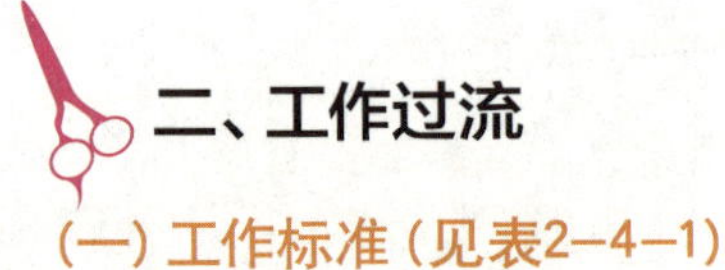

二、工作过流

（一）工作标准（见表2-4-1）

表2-4-1

内 容	标 准
准备工作	工作区域干净、整齐，工具齐全、码放整齐，仪器设备安装正确，个人卫生、仪表符合工作要求
操作步骤	能够独立对照操作标准，使用准确的技法，按照规范的操作步骤完成实际操作
操作时间	在规定时间内完成任务
操作标准	分区准确
	发丝梳理通顺
	发片垂直于头皮
	修剪成均等层次效果
	发束均匀缠绕在电棒上
	发丝要有光泽
整理工作	工作区域整洁、无死角，工具仪器消毒到位，收放整齐

（二）关键技能

分区

按照两区划分方法进行分区。

均等层次

划分放射线条

以黄金点为轴，划分发片厚度均匀。

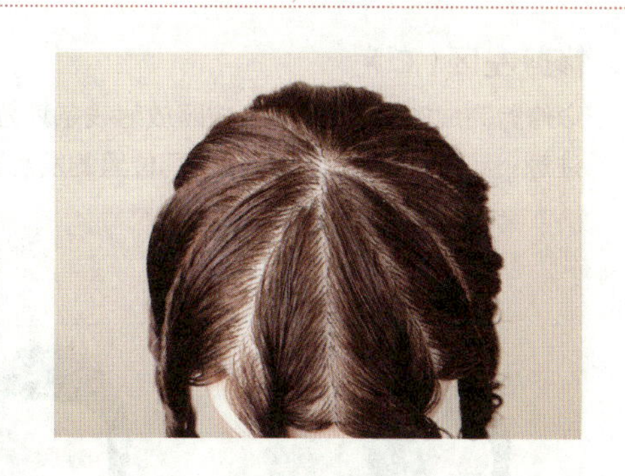

定引导线

用剪发梳齿尖从黄金点至中心点，以放射线划分方法取出第一发片，先用横向夹发、水平夹发、竖向夹发方法修剪引导线。

1

2

修剪左区（一）

以引导线为标准，手指夹住发片随着头形的弧线修剪层次。

注意：手指在空中的位置成弧线；手指始终与头皮保持平行。

1

2

3

修剪左区（二）

以修剪完成的头发为标准，按照放射线条划分方法，逐渐向后进行划分并修剪。

注意：因为头是圆形的，所以不同位置的发片要改变提拉方向，提拉发片的角度为90°。

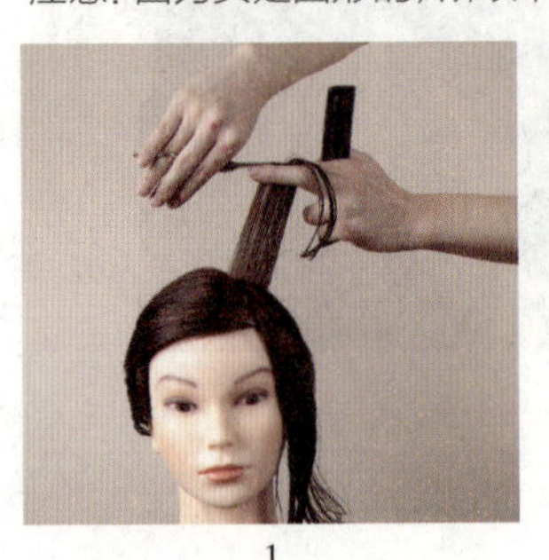

1

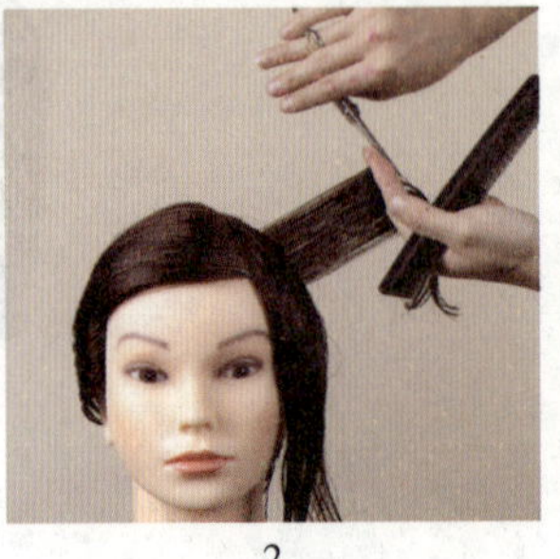

2

3

修剪左区（三）

按照同样的修剪方法进行修剪，直至完成左区。

注意：在修剪后面的头发时，因为枕骨位置的弧度较大，所以在提拉发片时不容易与头皮成90°角。

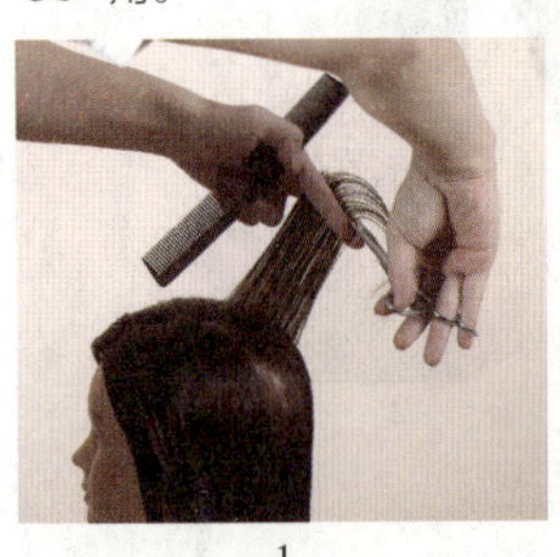

1

2

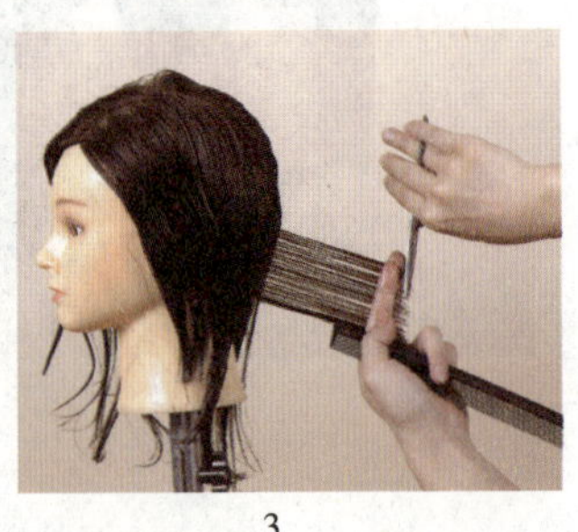

3

修剪右区（一）

取出左区的一发片作为标准，按照放射线条的划分方法进行划分并修剪。

注意：修剪刀口要短，以保证剪切线成弧形。

1

2

修剪右区（二）

继续按照放射线条的划分方法，逐渐向后划分进行修剪。

注意：全头头发长度要保持一致。

1

2

3

检查层次

用十字交叉法，按照放射线相反的划分方向，提拉发片进行检查。

注意：头发外轮廓线为圆形；所有的头发长度一致。

修饰造型

使用电卷棒将头发做卷，根据脸形调整发丝纹路。

（三）操作流程

①与顾客沟通：根据顾客要求制定发型。

②洗发：根据不同发质选用适合客人发质的洗护产品清洗头发及头皮。

③工具准备：准备修剪工具。

④分区：按照两区划分方法进行分区。

⑤划分放射线条：使用剪发梳齿尖，以黄金点为起点，划分放射线条。

⑥修剪造型：按照均等修剪方法，先修剪左区；以左区的引导线为标准修剪右区。

⑦电棒造型：分三区，使用电棒造型方法逐层进行电棒造型。

⑧最终效果：根据顾客脸形整理造型。

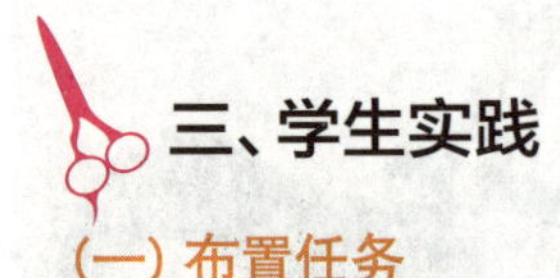

三、学生实践

（一）布置任务

在实习室，利用教习模头进行修剪练习，为了每次能轻松处理适量的头发，你要安排剪发的程序。规划修剪程序时，你要想到以下几点：

1. 我要怎么做？
2. 该从何处着手？
3. 效果会是什么样子？

要求：划分线条要准确，角度要均匀，修剪下一片头发时一定要以上一片头发为引导线。

（二）工作评价（见表2-4-2）

表2-4-2

评价内容	评价标准			评价等级
	A（优秀）	B（良好）	C（及格）	
准备工作	工作区域干净、整齐，工具齐全、码放整齐，仪器设备安装正确，个人卫生、仪表符合工作要求	工作区域干净、整齐，工具齐全、码放比较整齐，仪器设备安装正确，个人卫生、仪表符合工作要求	工作区域比较干净、整齐，工具不齐全、码放不够整齐，仪器设备安装正确，个人卫生、仪表符合工作要求	A B C
操作步骤	能够独立对照操作标准，使用准确的技法，按照规范的操作步骤完成实际操作	能够在同伴的协助下，对照操作标准，使用比较准确的技法，按照比较规范的操作步骤完成实际操作	能够在老师的指导帮助下，对照操作标准，使用比较准确的技法，按照比较规范的操作步骤完成实际操作	A B C
操作时间	在规定时间内完成任务	在规定时间内，在同伴的协助下完成任务	在规定时间内，在老师帮助下完成任务	A B C
操作标准	分区精准	分区准确	分区不准确	A B C

续表

评价内容	评价标准			评价等级
	A(优秀)	B(良好)	C(及格)	
操作标准	发丝梳理非常通顺	发丝梳理通顺	发丝梳理比较通顺	A B C
	发片垂直于头皮	发片垂直于头皮	发片不垂直于头皮	A B C
	修剪成均等标准层次效果	修剪成均等层次效果	修剪不成均等层次效果	A B C
	电棒造型时，发束缠绕非常均匀	电棒造型时，发束缠绕均匀	电棒造型时，发束缠绕比较均匀	A B C
	电棒造型后，发丝非常有光泽	电棒造型后，发丝有光泽	电棒造型后，发丝比较有光泽	A B C
整理工作	工作区域整洁、无死角，工具仪器消毒到位，收放整齐	工作区域整洁，工具仪器消毒到位，收放整齐	工作区域较凌乱，工具仪器消毒到位，收放不整齐	A B C
学生反思				

四、知识链接——发型修剪设计的原则

①均衡：在发型设计中，通过发量、发型的饱满度、重量的分布等，能制造出发式的均衡感。当头发垂直与水平分布都一致时就达到了对称的效果。当头发轮廓和形状分布不均时就会产生不对称的效果。

②轮廓线：是头发将形成的线条趋势，在长发上比较明显。头发的自然线条与造型的形态是整体效果的关键。当这种流畅的线条中断，发型则会产生根本的改变。中断处也许正是发型特色所在，此种造型会将人的视线集中在这里。但也有一种情况，就是中断是经验不足的发型师所犯下的错误。

③分界线：造型分界线是比较明显的，中分会将人的视线引到鼻子上，如果鼻子比较挺拔，分中线则会强化这一优点。反之，侧分线发型则能够淡化鼻子的缺点。

④动感：动感是指造型中的层次变化，层次越多，动感越强。有时也可以通过烫发或梳理造型等方式来营造动感。

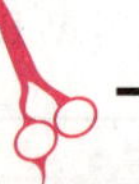

一、个案分析

案例：顾客的脸形较圆、发量较多，要求美发师为她设计的发型能使头发显得轻盈一些，能遮住一部分脸颊，使脸形收敛一些。根据顾客的要求，你如何为她设计发型呢？请根据顾客的要求为顾客提出建议，并将建议记录下来。

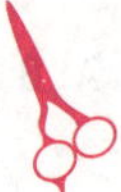

二、专题活动

在做本专题前，先收集以下资讯。

①在实习中，观察发型师与顾客沟通时的语言表达和表情。

②通过实习，观察美发师修剪时的动作。

③通过网络收集信息，观看现场示范展示。

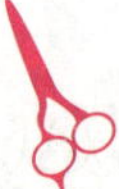

三、记录以下几点

①观察一款发型示范，将发型师的动作、技巧、分区及效果记录清楚。

②以图表的形式列出剪发应考虑的问题。

③头发不同的生长方式对剪发的影响。

④描述一款剪发程序。

单元三 男士发型修剪

内容介绍

男士发型修剪注重轮廓、线条等因素，以体现发型干净整齐为主。主要分为长式、短式、寸发及平头几种发型，可根据不同发型的变化起到调整脸形的作用。本单元将讲解各种层次组合的男士发型的综合修剪技术。男士修剪造型，也是一种可以帮助学习者更好地提高审美能力的发型。

单元目标

①掌握推剪造型的特点、原则以及依据顾客要求设计合适的修剪方案，选择正确的修剪方法。

②能够熟练地使用推剪工具，按照规范的程序进行鬓角、耳上、耳后、后颈部的推前操作。

③能够按照技术标准做到推剪轮廓线和层次的位置变化。

④学习推剪程序和掌握提拉发片的角度 。

⑤学习侧面与顶面的推剪连接技术和方法。

⑥能够按技术标准熟练地完成边缘的推剪。

⑦学习运用观察方法进行剪发效果的检查。

⑧通过实践提升客人满意度，体会职业的自豪感及成就感。

项目一 男士长式发型修剪造型

项目描述

男士剪发比较注重技术功底，虽然男士发型修剪与女士发型有所不同，但男士长发造型（如图3–1–1所示）在修剪的方式、造型的设计及步骤等方面都与女士发型修剪类似。因此正确的剪发动作与准确的剪发角度格外重要。

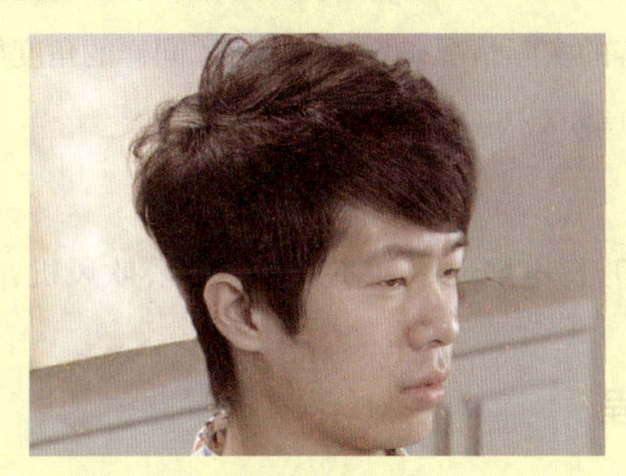

图3–1–1

工作目标

①学习男士长式发型推剪的造型特点，根据顾客需求设计合适的修剪方案，选择正确的修剪方法。

②学习依据设计方案，灵活运用相应的剪发工具进行操作。

③能够按照技术标准做到轮廓线和层次的位置变化。

④能够按技术标准熟练地完成边缘的修剪。

⑤掌握按照规范的长式修剪程序提拉发片的角度 。

⑥学习侧面与顶面的连接技术和方法。

一、知识准备

1. 男士发型修剪的特点

男士长式发型自然，有动感，层次且参差有序，充满帅气感。

2. 男士长式发型的修剪标准

①两侧头发露出半个耳朵。

②后部头发长度在发际线以下两至三个手指的距离。

3. 提拉角度与层次变化

提拉角度是推剪各种层次的基本要素，决定着发型的内型轮廓的形状，量感分配和纹理动静等。在修剪时，发片提拉角度的变化会直接影响层次的变化，因此在修剪时，应根据发型的设计要求和顾客的实际情况确定提拉角度。同样的角度层次，用于不同区域或不同的人的头上，所呈现的层次效果也会不同。

4. 工具准备

毛巾、客袍、围布、剪刀、电推、夹子、剪发梳、喷壶、吹风机、排骨梳。

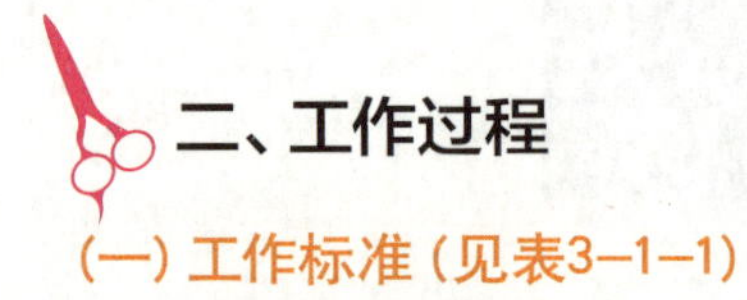

二、工作过程

（一）工作标准（见表3–1–1）

表3–1–1

内 容	标 准
准备工作	工作区域干净、整齐，工具齐全、码放整齐，仪器设备安装正确，个人卫生、仪表符合工作要求
操作步骤	能够独立对照操作标准，使用准确的技法，按照规范的操作步骤完成实际操作
操作时间	在规定时间内完成任务
操作标准	分区准确
	发丝梳理通顺
	提拉发片角度一致

续表

内 容	标 准
操作标准	头发区域衔接处修剪层次均匀
	吹风时梳子移动速度均匀
整理工作	工作区域整洁、无死角，工具仪器消毒到位，收放整齐

（二）关键技能

1. 平直线三区划分方法

划分第一区

用剪发梳齿尖以中心点为起点直线向后颈点划一线，再以后部颈点中间点为起点，以平直线划分方法分别向两侧耳后点划分一线，分界线以上的头发用夹子固定。

划分第二区

用剪发梳齿尖以黄金点为起点直线向两侧前侧点划分一线，分界线以下头发用夹子固定。

注意：两侧分区线条位置高度要一致。

划分第三区

第二区分界线以上的头发用夹子固定。

注意：由于头形是圆形，分界线线条呈现U形。

2. 男士长式修剪方法

分区

按照平直线划分三区方法进行分区。

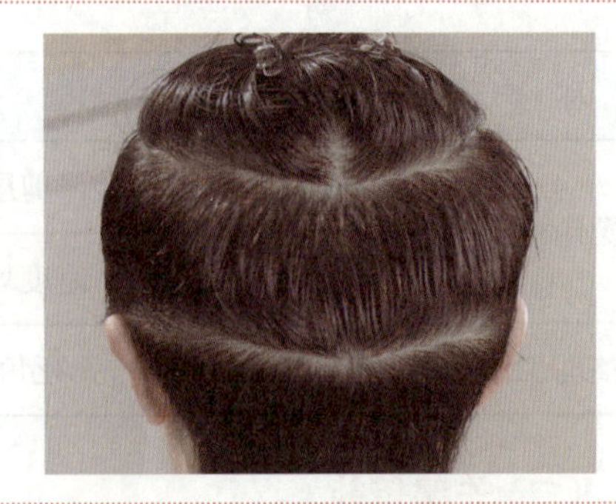

划分平直线条

用剪发梳齿尖以中心点为起点直线向后颈点划一线，再以后颈点中间点为起点以平直线划分方法分别向两侧耳后点划分一线。

1

2

定引导线

按照夹剪的方法，用剪发梳齿尖，从正中间以竖线划分方法取出一片发片，发片厚度1.5cm，以竖向夹剪方法修剪引导线。

注意：提拉发片角度与头皮成90°角，剪切口为90°。

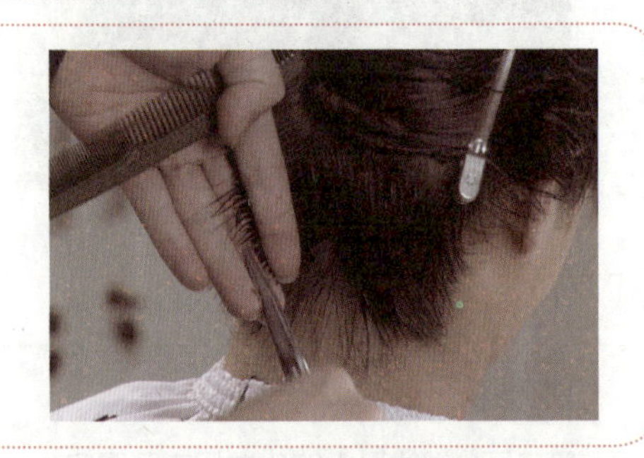

修剪第一区（一）

以修剪过的引导线为标准，按照竖向划分方法，以后部黄金中间点为起点从中间位置修剪到左边。

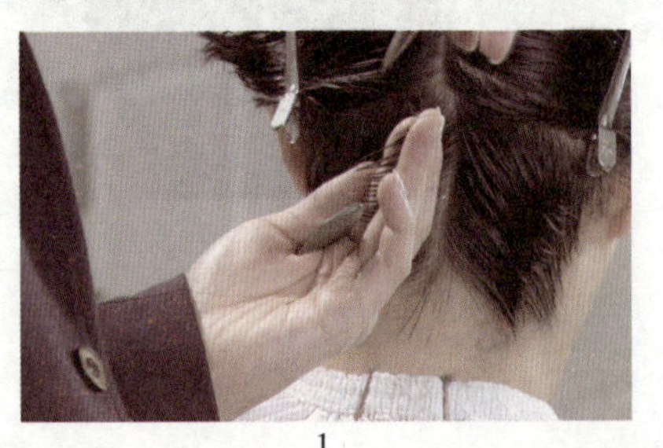
1

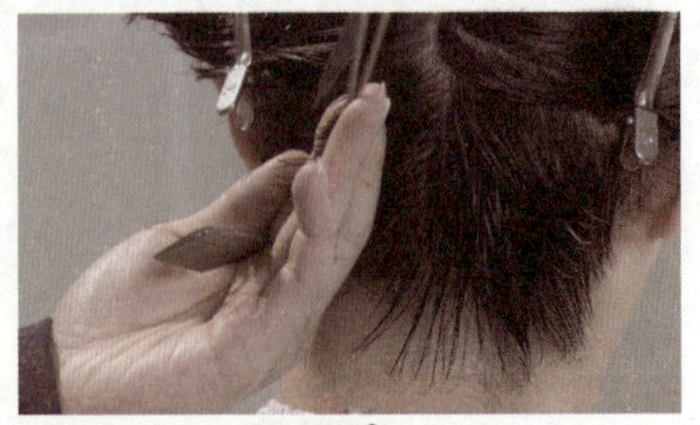
2

修剪第一区（二）

再以中间位置为标准，按照竖向划分方法逐层修剪到右边。

注意：在耳后发际线处修剪时，头发提拉角度为80°，头发长过发际线。

1

2

修剪第二区（一）

以第一区引导线为标准，以黄金点为轴，按照放射线划分方法，以后部黄金中间点为起点从中间位置修剪到左边，再修剪到右边，逐层进行修剪，直至完成整个区域。

注意：上下两区的连接，层次要均匀。发片的提拉角度小于90°。

1

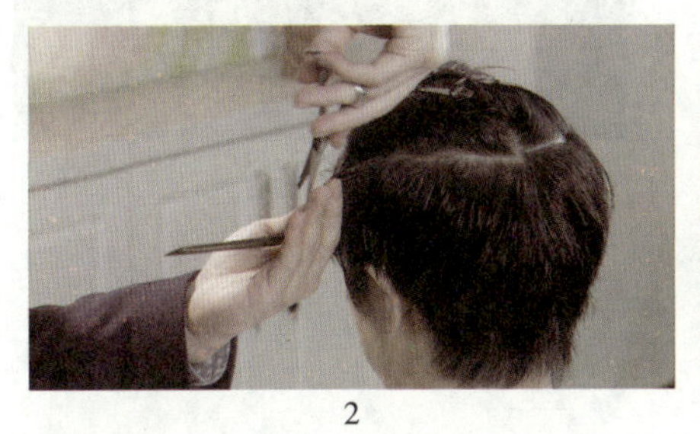

2

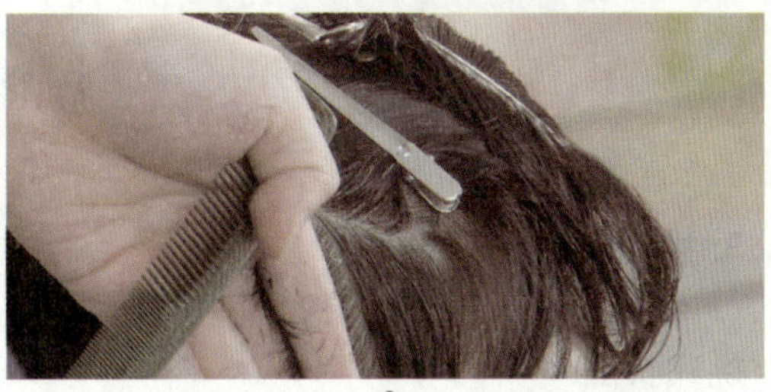

3

修剪第二区（二）

在修剪鬓角时，应保留鬓角的长度。要修剪耳上头发的轮廓，将头发变薄。

修剪轮廓线时，耳后头发不易被注意到，要按住耳朵，将轮廓线修剪整齐。

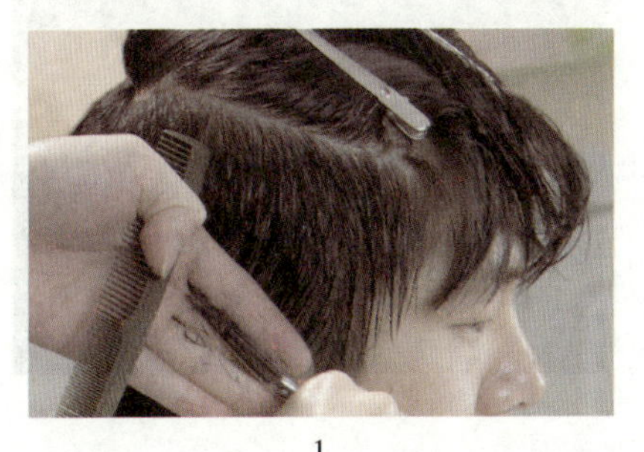

1

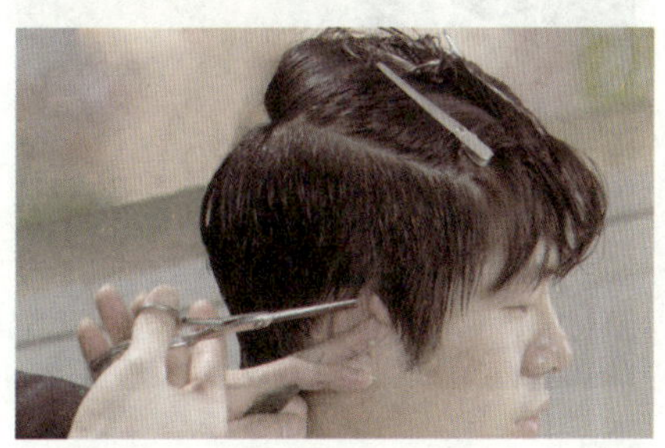

2

修剪第三区

用剪发梳齿尖按照放射线划分方法以第二区长度为标准进行修剪，逐层修剪完成整个区域。

注意：最后，将前额与两侧周边轮廓的头发修剪成型，以塑造出完整的发型。发片提拉角度为90°，要注意外线的弧形轮廓。

1

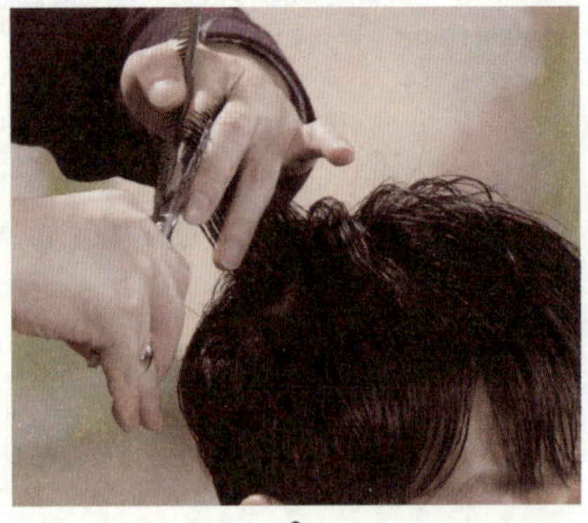

2

衔接头发

头发修剪完后，用锯齿修剪方法和竖向划分发片的方法，完成区域间的衔接，使发型层次均匀，整体效果更轻盈。

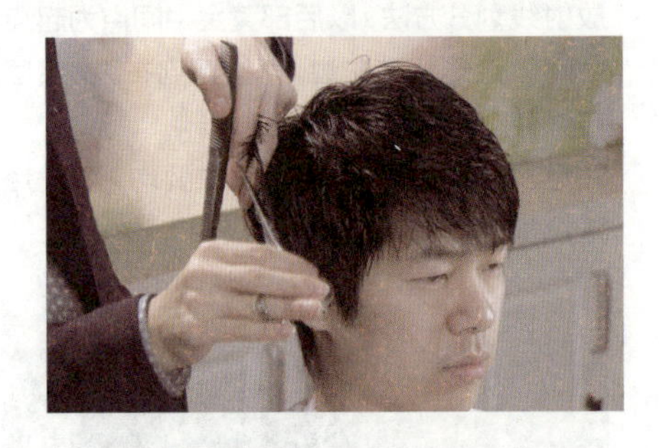

3. 挑式吹法

挑式吹法

用左手手指以平直线划分方法取出一发片，发片宽度不要超过梳子的宽度。右手握住排骨梳放在发片下，拉住发根，然后拉起头发慢慢往上提。

注意：以不拉痛头皮为原则。使用排骨梳提拉发片，在梳子移动的同时，手腕带动五指细微变动梳子的方向。

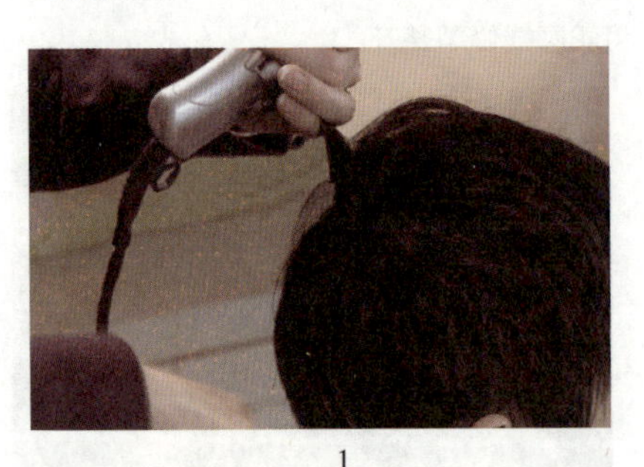

1

2

吹起发根，使发型蓬松。
吹风机风口顺着发丝方向吹。
打发蜡时不要让发蜡接触到顾客头皮，适当喷些发胶，进行固定。

修饰造型

使用吹风机，以挑式吹发的方法进行吹风造型，达到蓬松、饱满的效果。

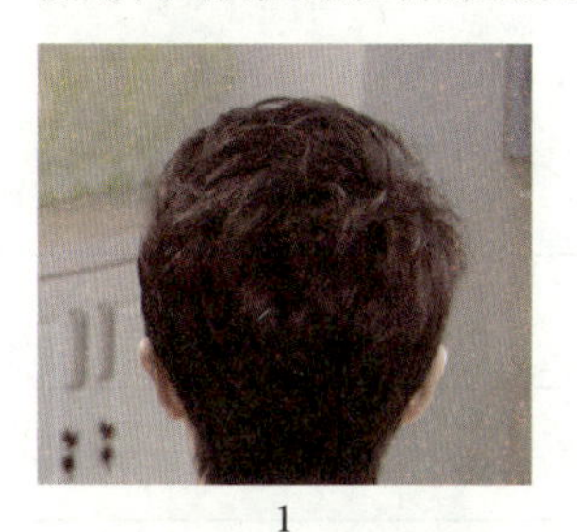

1

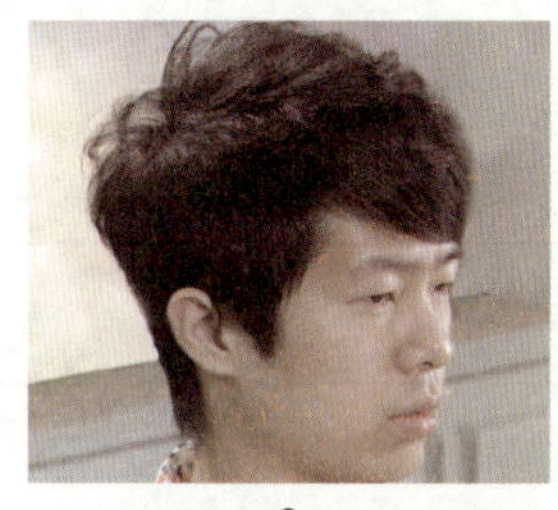

2

3

（三）操作流程

①与顾客沟通：顾客的要求是不让自己的头发太短，又要头发感觉饱满、蓬松，让刘海有一定长度；观察顾客的发质，根据顾客要求制定发型，并介绍剪发后的效果。

②洗发：发型师帮助顾客穿好客袍后，带领顾客到洗头盆前坐好，用毛巾从顾客后颈部向前围好，再根据顾客的发质选用适合的洗护发产品，清洗头发及头皮。

注意：一般男性顾客头皮容易出现油脂，要选用适合的洗发水。

③工具准备：准备修剪工具。

④分区：按照平直线划分三区方法进行分区。

⑤划分平直线线条：使用剪发梳齿尖，以中心点为起点直线向后颈点划一线，再以后颈部中间点为起点平直分向两侧耳后点划分一线。

⑥定引导线：按照夹剪的方法，用剪发梳齿尖，从正中间以竖线划分方法取出一片发片，发片厚度1.5cm，以竖向夹剪方法修剪引导线。提拉发片与头皮成90°，剪切口为90°。

⑦修剪：按照男士长发修剪方法修剪第一区。以第一区引导线为标准修剪第二区。以第二区引导线为标准修剪第三区。

⑧修饰造型：按照挑式吹发方法进行吹风造型，达到蓬松、饱满的效果。

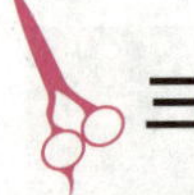

三、学生实践

(一) 布置任务

在实习室按照老师规定的时间，将第一、二两区推剪完成。

要求：发片连接准确，修剪层次均匀，两侧长度一致。利用教习模头进行操作，在操作前，考虑以下几个问题并将答案填写在空格处。

思考问题：

①在修剪前需要准备什么？

②操作程序是什么？

____

____

____

____

(二) 工作评价 (见表3-1-2)

表3-1-2

评价内容	评价标准			评价等级
	A(优秀)	B(良好)	C(及格)	
准备工作	工作区域干净、整齐，工具齐全、码放整齐，仪器设备安装正确，个人卫生、仪表符合工作要求	工作区域干净、整齐，工具齐全、码放比较整齐，仪器设备安装正确，个人卫生、仪表符合工作要求	工作区域比较干净、整齐，工具不齐全、码放不够整齐，仪器设备安装正确，个人卫生、仪表符合工作要求	A B C
操作步骤	能够独立对照操作标准，使用准确的技法，按照规范的操作步骤完成实际操作	能够在同伴的协助下，对照操作标准，使用比较准确的技法，按照比较规范的操作步骤完成实际操作	能够在老师的指导帮助下，对照操作标准，使用比较准确的技法，按照比较规范的操作步骤完成实际操作	A B C
操作时间	在规定时间内完成任务	在规定时间内，在同伴的协助下完成任务	在规定时间内，在老师帮助下完成任务	A B C

续表

评价内容	评价标准			评价等级
	A（优秀）	B（良好）	C（及格）	
整理工作	分区精准	分区准确	分区不准确	A B C
	发丝梳理通顺	发丝梳理通顺	发丝梳理比较通顺	A B C
	提拉发片非常一致	提拉发片一致	提拉发片不一致	A B C
	头发区域衔接处修剪层次非常均匀	头发区域衔接处修剪层次均匀	头发区域衔接处修剪层次比较均匀	A B C
	吹风时梳子移动速度非常均匀	吹风时梳子移动速度均匀	吹风时梳子移动速度不均匀	A B C
	工作区域整洁、无死角，工具仪器消毒到位，收放整齐	工作区域整洁，工具仪器消毒到位，收放整齐	工作区域较凌乱，工具仪器消毒到位，收放不整齐	A B C
学生反思				

四、知识链接——剪发前应考虑的因素

①头部形状：男士的枕骨比女士的要扁平一些，所以剪发时，男士头发的重量线要低于枕骨，以免后部的头发翘起来。

②脸部的形状：方形脸的人不太适合锋利的发边线，发边线要柔和，多一些层次感；而圆脸的人发边线应锋利些。

③头发生长方式：男士头发多数都比较短，所以发旋容易外露，发旋多的头发不要剪得太短，否则头发会立起来。

④头发的结构：较稀的直发剪的时候一定要注意，避免出现梯状分层。如出现了梯状分层，可用推子或剪刀修复。

⑤发质：头发稀可以通过剪发技巧增加头发的重量感。头发密可以通过削薄或用剃刀，搓的方法，减少头发的厚度，达到理想的造型效果。

⑥顾客的需求：在为顾客修剪发型前，首先要了解顾客的需求，这是非常重要的。用创意来满足顾客的需求是发型设计的关键。不同年龄、职业、生活方式及社会地位的顾客，要求也不同，不能忽略实用性、适合性，以及顾客的自行整理等因素。

五、活动：男发修剪

按照本节课所讲的内容进行修剪练习，要求使用教习假发进行操作，操作前应考虑以下问题再进行修剪。

①修剪前应考虑哪几方面因素？

②修剪中应注意哪些安全因素？

③从什么地方开始修剪？

④男发修剪同女发修剪有什么不同？

项目二 男士短式发型修剪造型

项目描述

对于男士发型而言并不限于长发，短发（如图3–2–1）更容易被人们所接受。传统的短式发型脑后与两侧皆短，现已变成各式各样的流行发型，有的时尚，有的传统，适合不同职业年龄的男士和不同的场合。

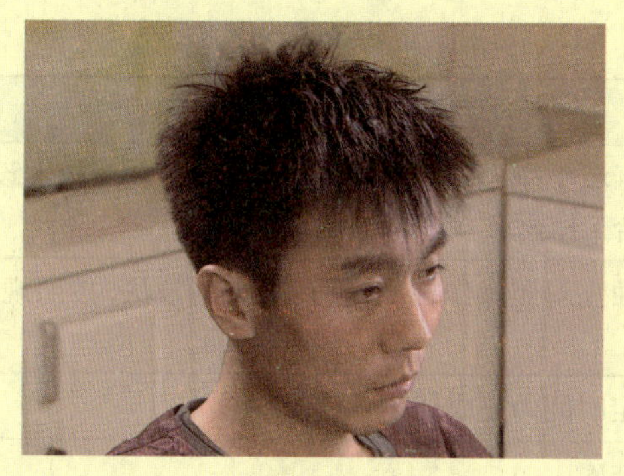

图3–2–1

工作目标

①学习掌握男士短式发型修剪特点，以及根据顾客要求设计修剪方案选择正确的方法。

②学习按照规范的修剪程序进行头部侧面和后面的剪发连接。

③学习头部侧面后面与顶面的修剪连接技术和方法。

④能够按技术标准熟练地完成边缘部位的推剪。

⑤能够独立完成男式短发修剪，且造型符合要求。

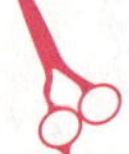

一、知识准备

1. 男士短式发型的修剪特点

男士短式发型自然随意，层次分明，充满活力。

2. 男士短式发型修剪标准

两侧要露出整个耳朵、后部要露出发际线。

3. 工具准备

毛巾、客袍、围布、剪刀、夹子、剪发梳、喷壶、吹风机、排骨梳、电推剪。

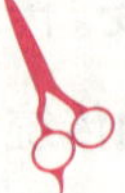

二、工作过程

（一）工作标准（见表3-2-1）

表3-2-1

内 容	标 准
准备工作	工作区域干净、整齐，工具齐全、码放整齐，仪器设备安装正确，个人卫生、仪表符合工作要求
操作步骤	能够独立对照操作标准，使用准确的技法，按照规范的操作步骤完成实际操作
操作时间	在规定时间内完成任务
操作标准	分区准确
	发丝梳理通顺
	推剪的头发不能过多
	推剪发型轮廓干净、清晰
整理工作	工作区域整洁、无死角，工具仪器消毒到位，收放整齐

（二）关键技能

1. 推剪方法

手握电推剪

右手拇指和中指握住前部，其余手指稳住推子。

电推剪与剪发梳的配合

用左手拿剪发梳，齿尖向上，右手的中指与拇指握住电推剪的前部，其余的手指稳住电推剪。修剪时，在梳子的配合下用肘部的力量上推移，必要时也可配合手腕运动来调整推子的移动方向。

注意：电推剪与梳子之间的角度根据发型轮廓线的变化而变化。

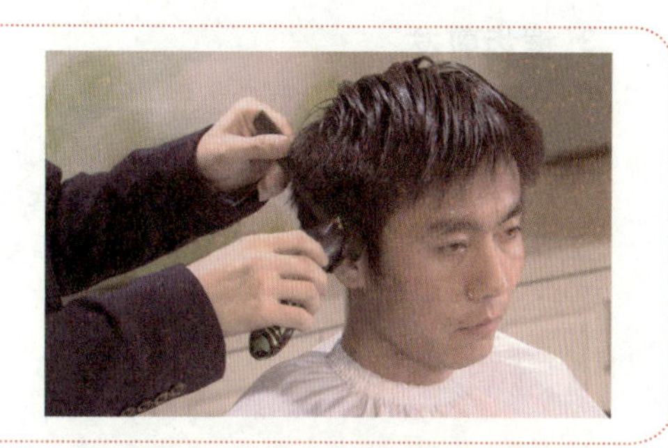

剪刀与梳子的配合

用剪发梳齿尖挑起部分头发，向上匀速移动，剪刀随着梳子的移动修剪头发。

注意：梳子的移动方向根据层次的变化而变化。

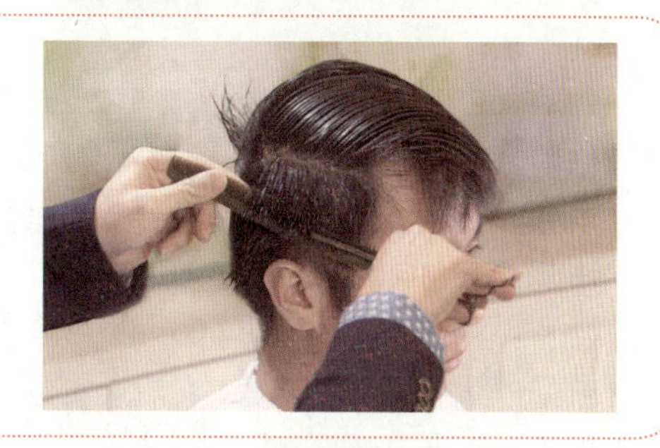

2. 男发推剪分区方法

划分底区

用剪发梳齿尖以后部黄金中间点为起点以弧线向前侧点划分一线。

注意：由于男士头发较短，在修剪时可多喷水，以帮助分区。

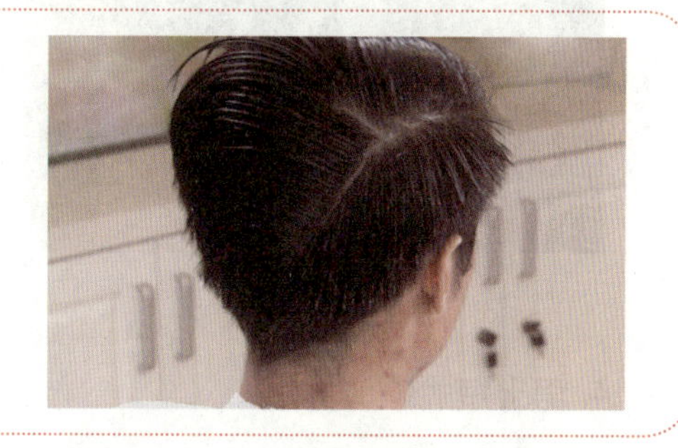

划分刘海区

用剪发梳齿尖以顶点为起点以弧线向两侧前侧点划分一线，此时刘海区便划分出来了。用夹子将刘海区头发固定。

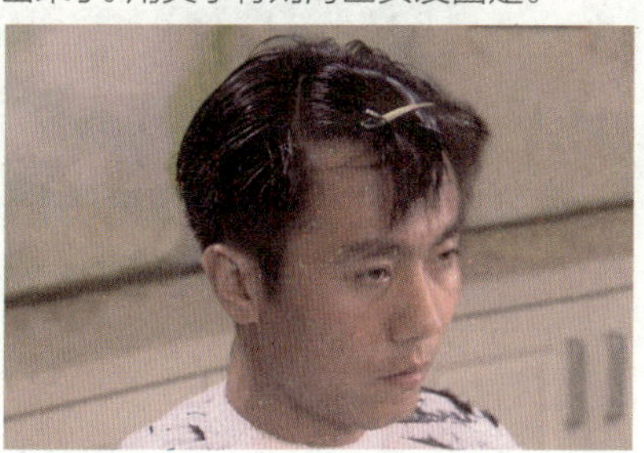

划分顶区

分好刘海区后，顶区自然形成，用夹子将顶区头发固定。

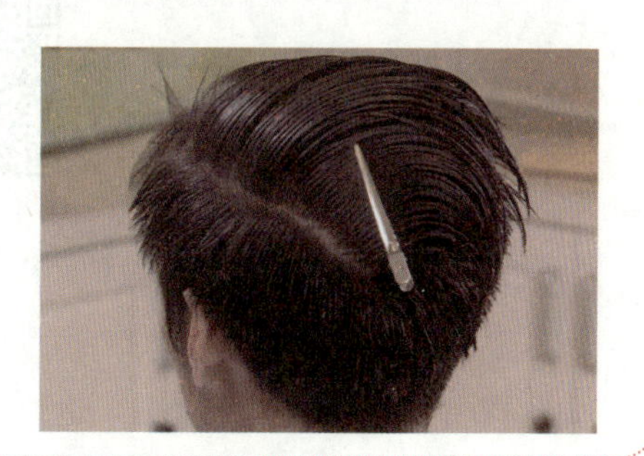

3. 锯齿剪发

挑出发片

用剪发梳齿尖从后面中间位置，以放射线划分方法取出一发片，左手手指夹住发片，手指与头皮平行。

修剪

用左手手指夹住发片，以底部头发为标准锯齿剪的方法进行连接修剪。

注意：剪刀斜向修剪头发，剪刀尖要与发片的角度要小于90°。发尾线条成锯齿状。提拉发片时应注意该发片位于头部的位置，及时调整提拉发片的角度，以便于正确地修剪。用同样的方法将另一侧修剪完成。

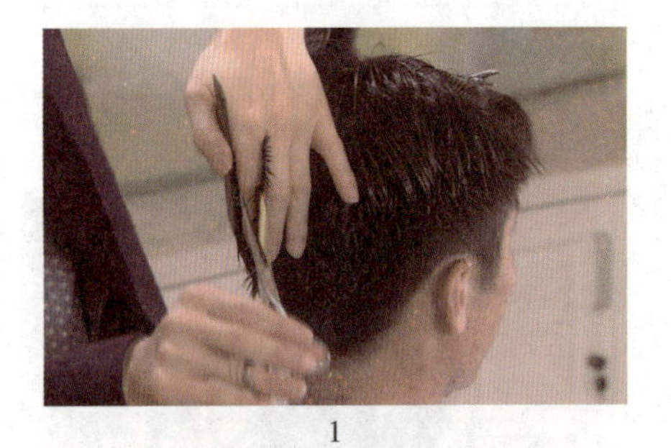

1

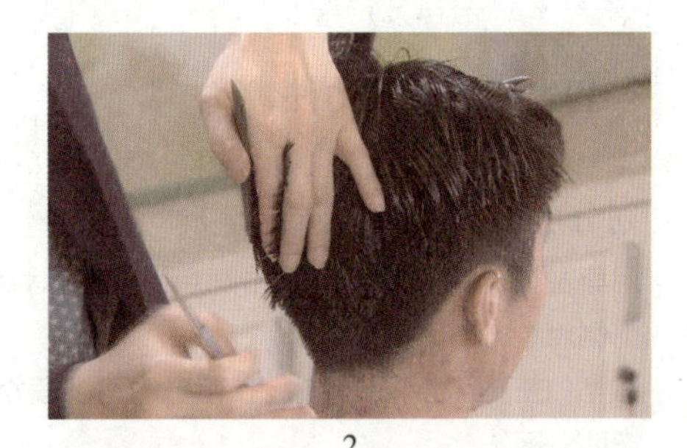

2

4. 男士短式修剪方法

分区

按照男士短式发型的分区方法将头发分为底区，刘海区，顶区进行修剪。

男士短式修剪

修剪底区（一）

使用推剪方法，从右到左，由下到上。由右到左，即推剪右鬓推剪右耳后侧。

注意：剪发梳的倾斜角度可改变头发外线坡度。速度要均匀。以右鬓的长度为标准，修剪右后区。

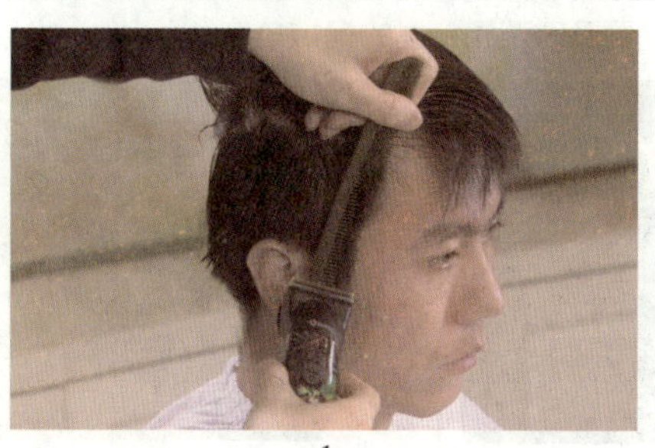

1

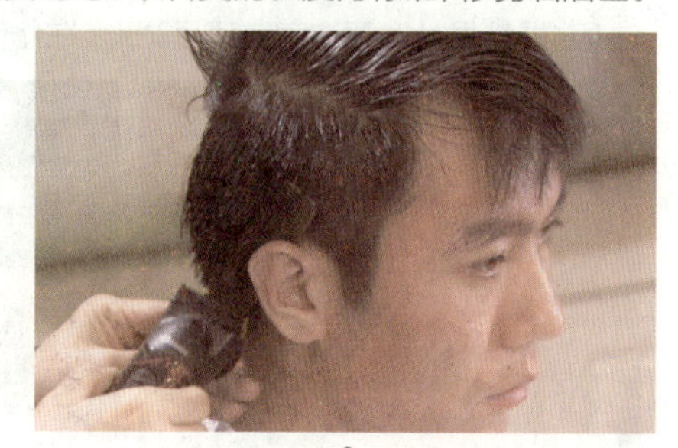

2

修剪底区（二）

推剪颈后部、左后侧、左鬓角。

注意：以后颈区头发为标准修剪左耳后区，以左耳后区的长度为标准修剪左鬓。底部修剪整齐。在修剪轮廓时，要将边缘线修剪整齐。

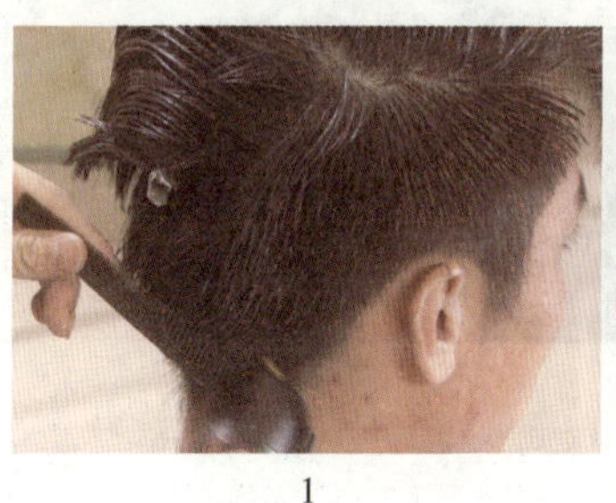

1

2

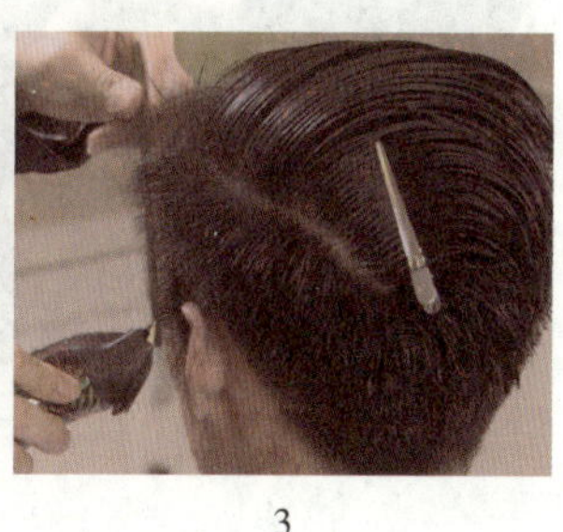

3

修剪顶区（一）

以黄金点为轴划分放射线条。

注意：划分发片厚度要均匀。

修剪顶区（二）

用剪发梳齿尖从顶区以放射线条划分方法取出一片发片并与底部连接，以锯齿修剪方法修剪引导线。

注意：提拉发片要与头皮成90°，剪切口角度为90°。

修剪顶区(三)

以引导线为标准，用剪发梳齿尖以放射线条划分方法划分区域，从黄金点开始用锯齿修剪方法连接发片。以同样的方法逐层修剪，完成整个区域。

注意：提拉发片时要注意头顶是圆形，在修剪过程中，要及时调整头发的提拉角度。

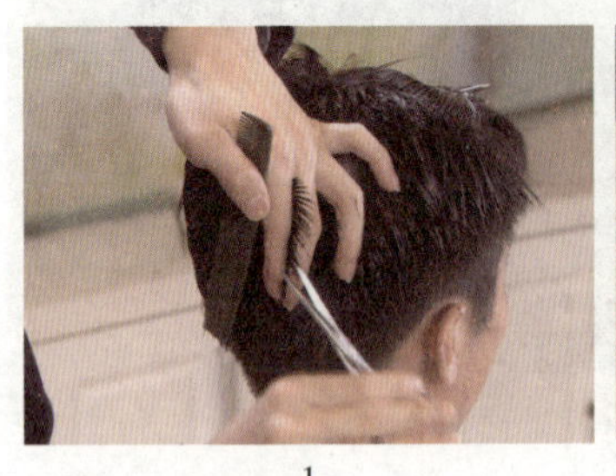
1

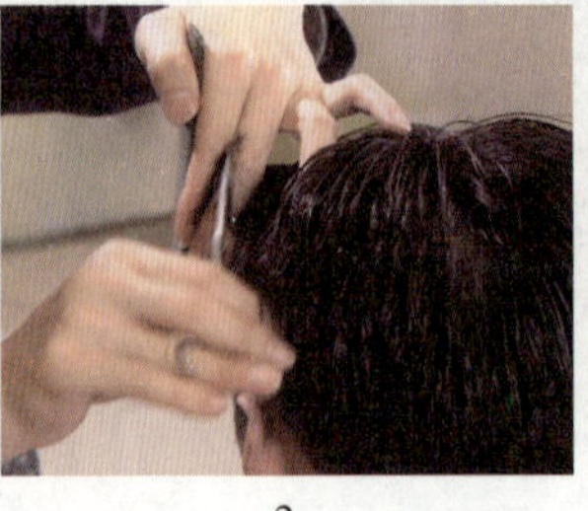
2

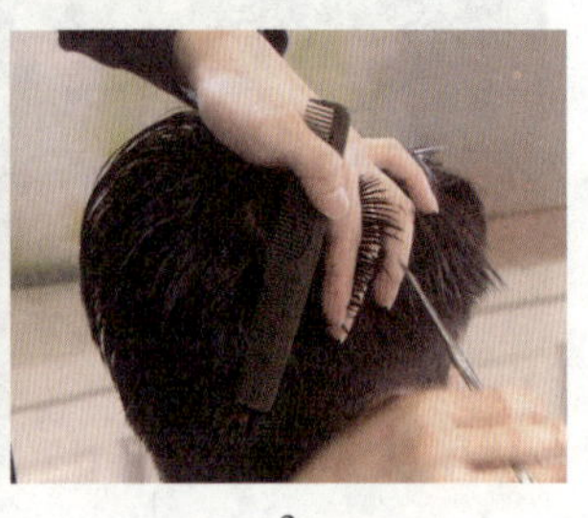
3

修剪刘海区(一)

将刘海区的头发放开，用剪发梳齿尖以竖线划分方法划分区域，以顶区引导导线为标准进行修剪。

1

2

修剪刘海区(二)

将所有发片提拉到第一发片的位置进行修剪，营造出左边短、右边长的斜刘海效果。

吹风造型

以挑式吹风方法，逐层完成全头的吹风造型。

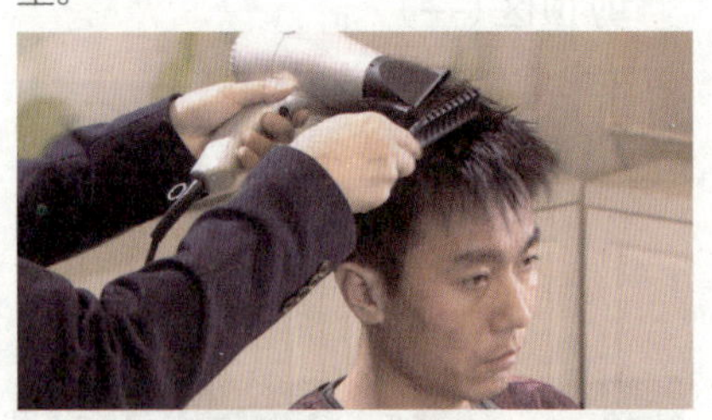

修饰造型

头发吹干后，可再行修剪轮廓，使头发底部轮廓清晰，发丝自然，充满活力。

注意：吹完头发后，可喷些定型剂，保持头发造型。

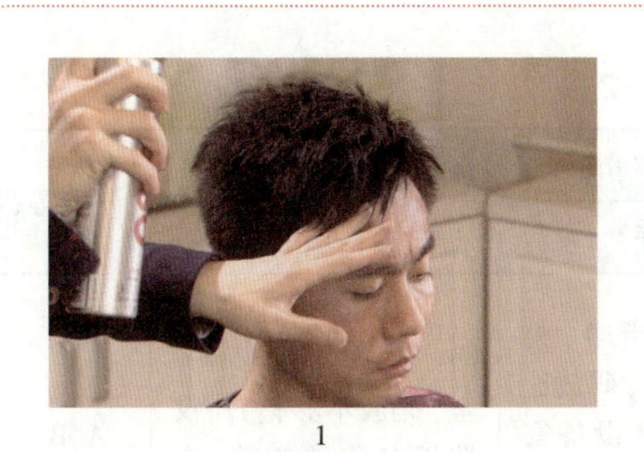
1

2

（三）操作流程

①与顾客沟通：顾客的要求是不想让自己的头发太短，又要头发感觉饱满、蓬松，让刘海有一定长度。观察顾客发质，根据顾客要求制定发型，并介绍修剪后的效果。

②洗发：发型师帮助顾客穿好客袍后，带领顾客到洗头盆前坐好，用毛巾从顾客后颈部位置向前围好，再根据顾客的发质选用适合的洗护产品，清洗头发及头皮。

注意：一般男性顾客头皮容易出现油脂，要选用适合的洗发水。

③工具准备：准备修剪工具。

④分区：按照男士修剪进行分区。

⑤修剪：按照男士短发修剪方法，先修剪底层；以底层引导线为标准修剪顶区；以顶区引导线为标准修剪刘海区；头发吹干后，可再行修剪轮廓。

三、学生实践

（一）布置任务

在实习室按照老师规定的时间，利用教习模型进行操作，完成男士短式发型造型修剪。

要求：底区与顶区发片连接自然，修剪层次均匀。

思考问题：

①在修剪前需要准备什么？

②锯齿剪与齐剪的区别是什么？

(二)工作评价(见表3-2-2)

表3-2-2

评价内容	评价标准			评价等级
	A(优秀)	B(良好)	C(及格)	
准备工作	工作区域干净、整齐,工具齐全、码放整齐,仪器设备安装正确,个人卫生、仪表符合工作要求	工作区域干净、整齐,工具齐全、码放比较整齐,仪器设备安装正确,个人卫生、仪表符合工作要求	工作区域比较干净、整齐,工具不齐全、码放不够整齐,仪器设备安装正确,个人卫生、仪表符合工作要求	A B C
操作步骤	能够独立对照操作标准,使用准确的技法,按照规范的操作步骤完成实际操作	能够在同伴的协助下,对照操作标准,使用比较准确的技法,按照比较规范的操作步骤完成实际操作	能够在老师的指导帮助下,对照操作标准,使用比较准确的技法,按照比较规范的操作步骤完成实际操作	A B C
操作时间	在规定时间内完成任务	在规定时间内,在同伴的协助下完成任务	在规定时间内,在老师帮助下完成任务	A B C
操作标准	分区精准	分区准确	分区不准确	A B C
	发丝梳理非常通顺	发丝梳理通顺	发丝梳理比较通顺	A B C
	推剪的头发不能过多	推剪的头发过多	推剪的头发过多	A B C
	推剪的发型轮廓非常干净、清晰	推剪的发型轮廓干净、清晰	推剪的发型轮廓比较干净、清晰	A B C
整理工作	工作区域整洁、无死角,工具仪器消毒到位,收放整齐	工作区域整洁,工具仪器消毒到位,收放整齐	工作区域较凌乱,工具仪器消毒到位,收放不整齐	A B C
学生反思				

四、知识链接——推剪法

许多短层次的发型都要用推剪法从两侧修剪边缘层次到背发处；若要留稍长的头发，则要用推剪法完成。对于较短的发型来说，头部的发线是主要的焦点轮廓，若欲彰显此处，就得格外小心。

无论男女，人类的自然发线都缺乏连贯性，通常两侧头发也不对称。因此蓄短发的男士发型轮廓形状需要特别加以修塑。颈背发线愈自然，发型就愈柔和。

颈背发线的形状有很多种：圆形、尖削形、方形。这些形状都可用电推剪来塑造，或用剃刀剃出轮廓。传统的剃法都是使用开叠式剃刀，如今可用安全剃刀来修整。一般用剪刀尖端修剪出最后的轮廓线。短促而结实的效果多半由较柔的边缘层次来达成。至于究竟该塑造何种轮廓形状，要根据预期的发型而定。

将前额的头发剪成刘海，可形成各式各样的脸部骨架视觉形象，以此手法制造出来的焦点，会大幅改变整体效果。许多男人的前额发线都有后退的现象，而这通常是谢顶的先兆，会影响刘海形状的选择与位置，必须在剪发前多加考虑。

男人侧面的发线、发角与胡须连在一起，因此，在修剪时需格外留意谢顶这一部位的协调感，一般用剪刀的尖端或反转推剪，在耳上沿侧边至颈背两侧修剪。

项目三 男士寸发修剪造型

项目描述

寸发在男性中是比较普遍的，寸头发型可以分为板寸头，圆寸头和毛寸头。因为寸发很短，能把人的五官、脸形和头形展现出来，所以比较适合脸形比较标准的男士（见图3–3–1）。

图3–3–1

工作目标

①掌握左侧、右侧、枕骨下方、顶部的头发推剪技术。

②学习掌握按男士寸发的特点和适用原则，根据顾客要求，设计修剪方案的技巧和方法。

③学习按照规范的推剪序程序进行推剪操作。

④学习转角位置的衔接技术。

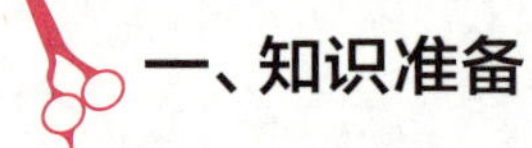

一、知识准备

1. 男士寸发的修剪特点

轮廓清晰，整洁，适合不同风格的男性。

2. 男士寸发的修剪标准

（1）圆寸头发型

①顶部、左右两侧应为圆弧面。

②正面外轮廓线由三条圆弧线组成。

③侧面外轮廓线为弧形线条。

（2）毛寸头发型

①两个侧面和后面为圆弧面。

②两侧轮廓线由弧线组成，顶部下实上薄。

（3）板寸头发型

①顶部、左右两侧的表面应为三个平面。

②正面外轮廓由三条直线组成。

③侧面外轮廓线为弧形线条。

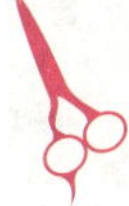

二、工作过程

（一）工作标准（见表3–3–1）

表3–3–1

内 容	标 准
准备工作	工作区域干净、整齐，工具齐全、码放整齐，仪器设备安装正确，个人卫生、仪表符合工作要求
操作步骤	能够独立对照操作标准，使用准确的技法，按照规范的操作步骤完成实际操作
操作时间	在规定时间内完成任务
操作标准	分区准确
	发丝梳理通顺
	推剪头发色调均匀
	推剪发型轮廓干净、清晰
整理工作	工作区域整洁、无死角，工具仪器消毒到位，收放整齐

（二）关键技能

男士寸发修剪

分区

按照四面划分方法划分区域。

注意：由于男士寸发很短，不能进行分区时，要时刻注意转角线位置的衔接。

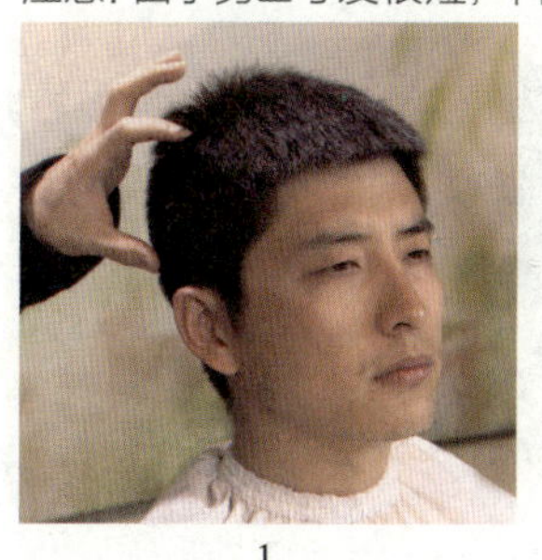

1

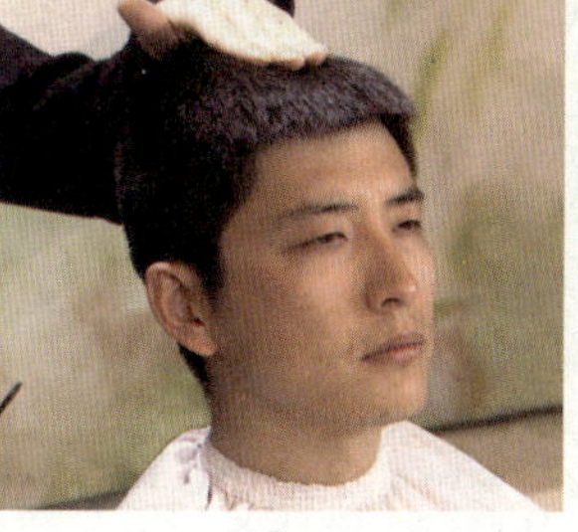

2

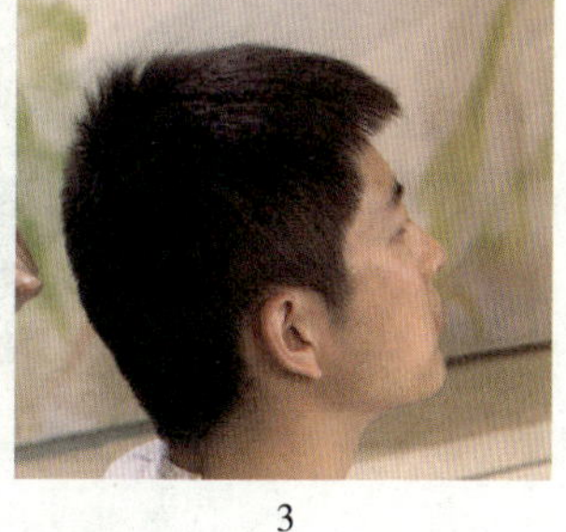

3

修剪右面

修剪前，按照发型设计修剪轮廓，按照脸形修剪轮廓线，先修剪右鬓。修剪耳顶发际轮廓线时，梳子齿部向下，将底线轮廓的头发修剪干净；然后，从底线逐步向上进行修剪，直至转角线，注意梳子的倾斜。在修剪右耳后部头发的时候，要根据右鬓头发的长度进行修剪，将层次推剪至转角线即可。

注意：推剪过程中，根据发型设计，推剪与梳子要配合使用。

1

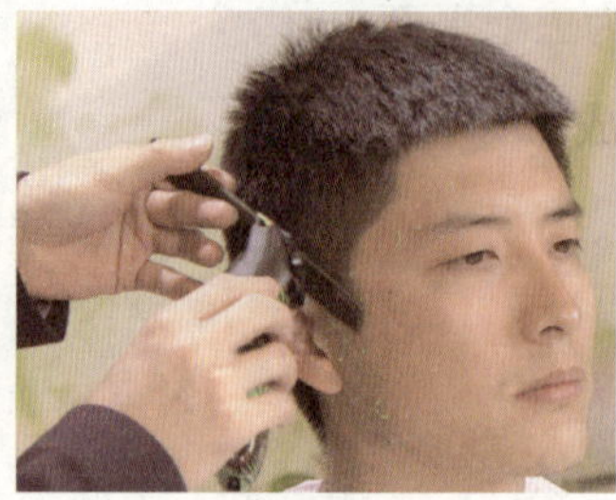
2

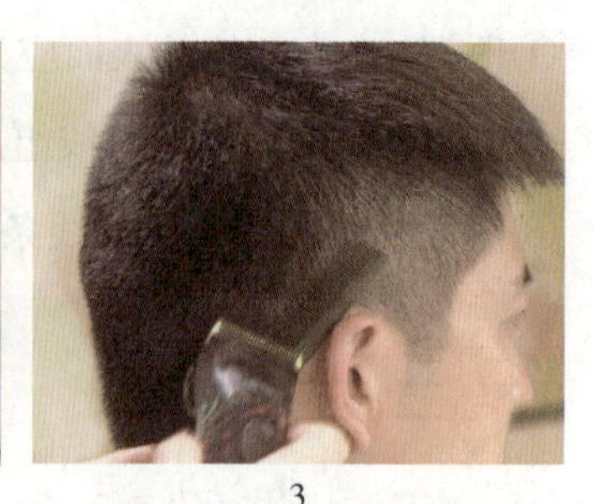
3

修剪后面

修剪后面时，按照耳后头发的长度进行修剪。

在修剪后面的轮廓线时，可以用剪发梳按住头发进行修剪，利用推子的角齿将发际线周围的头发修剪干净。在修剪后面的头发时，可以大致修剪至右后转角线，接着再修剪左耳后部的头发，用剪发梳齿按住头发，将边缘轮廓线修剪整齐。

1

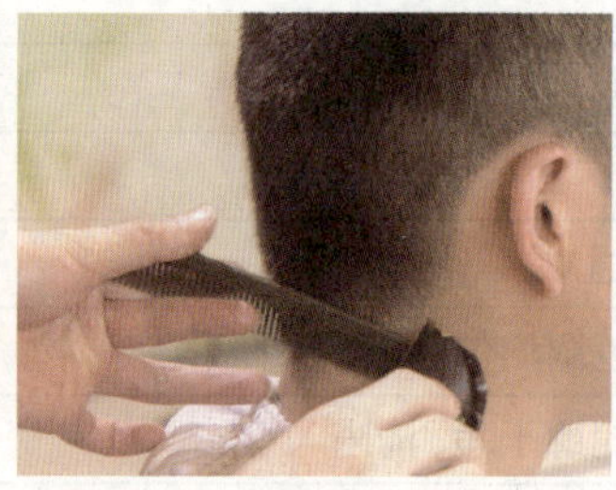
2

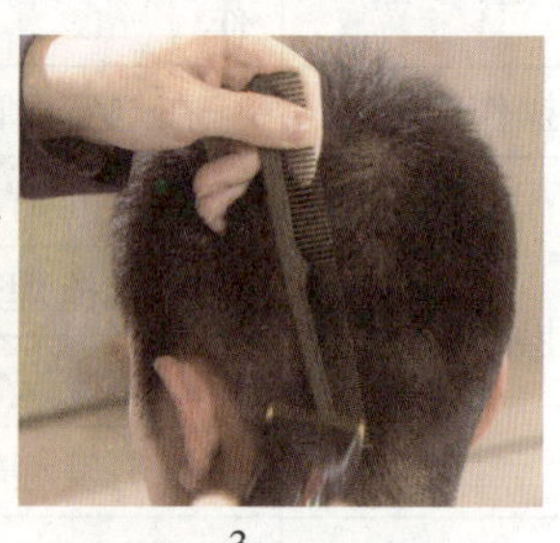
3

修剪左面

以后面头发为引导线进行左面头发的修剪，剪至鬓角。

注意：考虑修剪的头发长短要均匀。在修整转角线位置的时候，因为头部是圆形的，所以转角线处应该是圆润的弧线，修剪出来的头发不应有棱角。

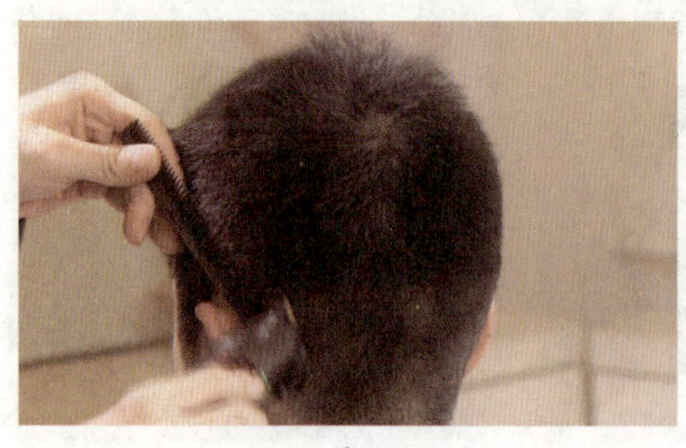
1

2

修剪顶面

修剪后面、右面、左面后，用打薄剪以推剪的方法将顶部头发与两侧和后面的头发进行衔接。注意：转角线位置应为圆弧形，在衔接转角线位置的时候，以一个弧线去连接两侧和顶部头发。在修剪顶部头发时，如果是毛寸注意上虚下实，不要把底部的头发修剪得过薄。在修剪前额轮廓线时，需将底线修剪整齐。在修剪完成后，采用让顾客低头、仰头、转头的方法来查看发型以及轮廓线是否圆润。如有瑕疵，继续将其修剪整齐，直至发型修剪完成。

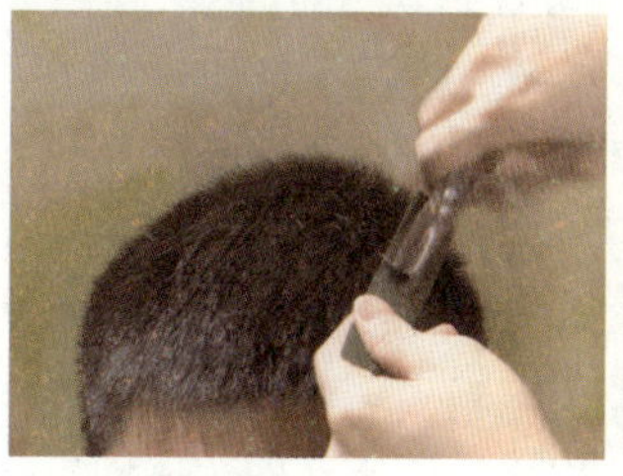
1

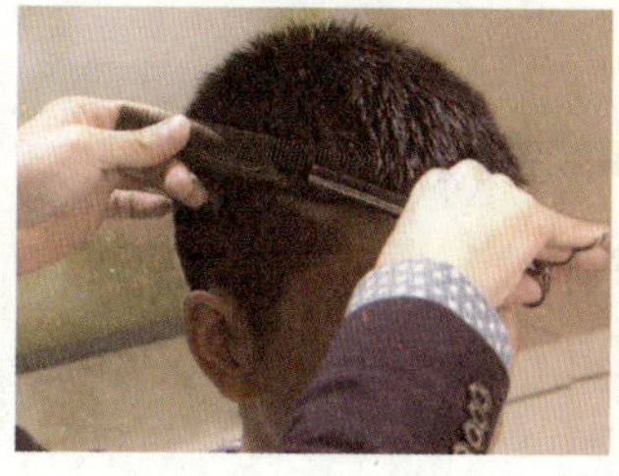
2

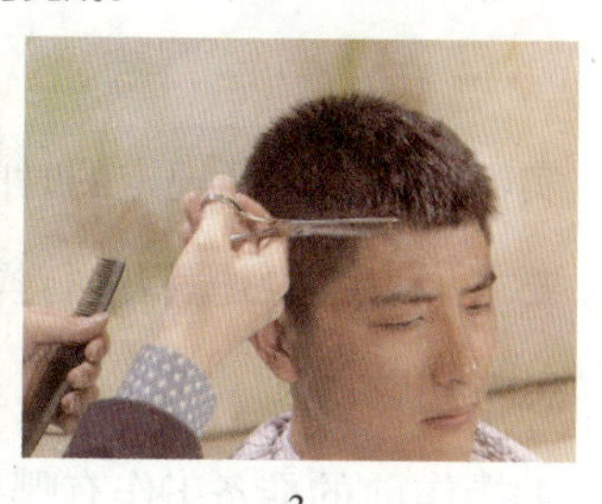
3

修饰造型

头发吹干后，可再进行修剪轮廓，四周底线轮廓清晰，头发层次均匀，外线轮廓圆润。

1

2

（三）操作流程

①与顾客沟通了解顾客对发型的想法，观察顾客的发质，根据顾客要求制定发型并介绍其效果。

②洗发：帮助顾客穿好客袍后，带领顾客到洗头盆前坐好，用毛巾从顾客后颈部向前围好，根据顾客的发质选用适合的洗护产品，清洗头发及头皮。一般男性客人头皮容易出现油脂，要选用适合的洗发水进行洗发。

③工具准备：准备修剪工具。

④分区：按照四面划分方法划分区域。

⑤修剪：按照男士寸发修剪方法，先修剪右面。以右面引导线为标准，修剪后面。以后面引导线为标准，修剪左面。以三面引导线为标准，修剪顶面。

⑥定型：头发吹干后，可再行轮廓修剪。

三、学生实践

（一）布置任务

实习室按照老师规定的时间完成寸发发型的修剪。

要求：利用教习模型进行操作。

思考问题：

①操作前的准备工作有哪些？

②寸发修剪的程序是什么？

③操作完成后有什么问题？

（二）工作评价（见表3–3–2）

表3–3–2

评价内容	评价标准			评价等级
	A（优秀）	B（良好）	C（及格）	
准备工作	工作区域干净、整齐，工具齐全、码放整齐，仪器设备安装正确，个人卫生、仪表符合工作要求	工作区域干净、整齐，工具齐全、码放比较整齐，仪器设备安装正确，个人卫生、仪表符合工作要求	工作区域比较干净、整齐，工具不齐全、码放不够整齐，仪器设备安装正确，个人卫生、仪表符合工作要求	A B C
操作步骤	能够独立对照操作标准，使用准确的技法，按照规范的操作步骤完成实际操作	能够在同伴的协助下，对照操作标准，使用比较准确的技法，按照比较规范的操作步骤完成实际操作	能够在老师的指导帮助下，对照操作标准，使用比较准确的技法，按照比较规范的操作步骤完成实际操作	A B C
操作时间	在规定时间内完成任务	在规定时间内，在同伴的协助下完成任务	在规定时间内，在老师帮助下完成任务	A B C
操作标准	分区精准	分区准确	分区不准确	A B C
	发丝梳理非常通顺	发丝梳理通顺	发丝梳理比较通顺	A B C

续表

评价内容	评价标准			评价等级
	A（优秀）	B（良好）	C（及格）	
操作标准	推剪的头发色调非常均匀	推剪的头发色调均匀	推剪的头发色调比较均匀	A B C
	推剪头发轮廓非常干净、清晰	推剪头发轮廓干净、清晰	推剪头发轮廓比较干净、清晰	A B C
整理工作	工作区域整洁、无死角，工具仪器消毒到位，收放整齐	工作区域整洁，工具仪器消毒到位，收放整齐	工作区域较凌乱，工具仪器消毒到位，收放不整齐	A B C
学生反思				

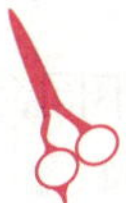

四、知识链接——剪发需要注意的地方

①耳朵：人的脸部两边通常很难完全对称。耳朵也是如此，可能会有一只大一只小或两耳形状不同，甚至高度不同的状况。在着手剪发之前，需考虑到这些差异。

②头发的种类：若顾客的头发非常卷曲，在修剪时要注意拉力不要太大，若下剪时太靠近发根，头发可能会翘出来，进而破坏了发型。极细的头发很容易看出剪发的痕迹，分区时若发片太厚，头发会容易露出修剪的线条。因此必须准确拿取发片。

③层次：将头发提拉出角度就能营造出层次，使头发有次序地进行排列。目的在于透过一连串小而不易察觉的线条或层次，来营造连贯性的轮廓形状。做层次是一种造型的方法，若按头部及脸部的轮廓做出层次，必定能营造出魅力无穷的完美效果。当然，你必须将顾客的发质、头发生长模式、头形与脸形、是否戴眼镜或助听器等因素一起考虑。

专题实训

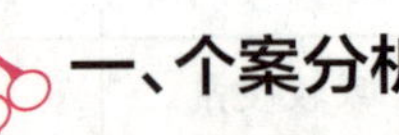

一、个案分析

案例分析：男士发型修剪技巧也涉及女性发型修剪技巧的内容，然而在外轮廓及外形上仍有差异，需要借助一些辅助材料来观察男女发型的不同点。

①在你的作品当中写下女士发型的特点。

②在你的修剪作品当中写下男士发型的特点。

③观察修剪效果，找出男女发型在外轮廓线上的不同之处。

二、专题活动

目前专业男士发廊逐渐兴起，男士发廊同一般发廊在运营模式上有很大的不同，请根据以下问题进行调研，并将结果记录下来。

①男士发廊同一般发廊在运营模式上有什么区别?

②男士发型同女士发型在修剪上有什么区别?

③男士发廊的设备需求有什么特点?

④男士发廊提供的产品与一般发廊有什么不同?

⑤男士发廊的环境与一般发廊有什么区别?